비건이라는 산업

정광호 지음

마르코폴로

Contents

1부. 비건식품

08	1. 여러가지 대체식품들
16	2. 식물성 재료로 만드는 고기 아닌 고기
23	3. 대체육의 역사와 기술 동향
29	4. 대체육을 만드는 기술
35	5. 대체우유, 그리고 라이스밀크와 쌀아이스크림
42	6. 식물성 치즈의 가능성
49	7. 건강에 좋은 단백질은? 동물성? 식물성?
57	8. 동물성과 식물성 식품, 어느 것이 더 좋을까?
64	9. 비건푸드 선택 가이드
72	10. 대체식품, 새로운 관점으로 보기
77	11. 대체식품의 이슈 트렌드
82	12. 대체식품과 메디푸드의 융복합

90	1. 저당 트렌드와 관련 이슈들
96	2. 설탕섭취는 줄이고 맛은 그대로
105	3. 당류저감의 기초기술
112	4. 기술이 시장을 앞서가서 실패했던 무설탕 제품
118	5. 찬밥이 다이어트에 도움이 되는 이유
123	6. 식품 내 지방을 줄이는 방법
130	7. 코코아버터와 대용유지

2부. 저칼로리 대체식품

1부. 비건식품

1. 여러가지 대체식품들

2010년대에 접어들면서 식품산업계에 등장하고 있는 두드러진 변화는 기존에 늘 먹던 식품을 다른 아이템으로 대체하려고 하는 경향을 들 수 있다. 이전부터 대체기술에 대한 부분은 학술적 혹은 뉴 트렌드, 또는 니치마켓으로서 꾸준히 연구되어 왔고 가끔 사업적 성공을 크게 거두기도 했다. 대표적인 사례가 자일리톨로 대표되는 껌 시장의 변화인데, 1990년대 말 자일리톨 껌 바람이 크게 휘몰아친 이후로 대체 당알콜류를 사용한 무설탕 제품이 일반화되었다. 2010년을 기점으로 웰빙, 건강, 환경, 지속가능성 등의 이슈가 크게 부각되면서 다른 식품 분야에서도 이러한 컨셉을 충족시켜줄 수 있는 대체식품들이 하나둘씩 시장에 등장하여 판도를 점점 확장하고 있다. 글루텐프리, 비건푸드, 나트륨저감, 당류 저감 식품들이 바로 그런 것들이다.

카페인을 줄이고 건강기능성은 늘린 대체커피

곡물커피는 곡물을 강하게 로스팅하여 커피와 비슷한 맛이 나도록 제조한 대체커피이다. 대체커피는 19세기에 유럽에서 보리를 사용하여 처음 개발되어 시장에 등장했다. 커피를 선호하는 인구가 여전히 대세였기에 보리커피는 시장에서 존재감이 미미했으나, 1940년대 이탈리아에서 전쟁 때문에 커피원두의 수입이 원활하지 않게되자 비로소 본격적으로 각광을 받기 시작하여 현재까지 이어져 내려오고 있다. 현재는 카페인이 없는 웰빙커피 컨셉으로 판매되고 있는데, 해외에는 보리말고도 여러가지 천연 재료로 만든 커피가 개발되어 판매된다. 영국의 사이언스타임즈 기사에서는 영국에서 이눌린을 활용한 대체커피가 개

자일리톨의 다양한 쓰임새

발되고 있다는 소식을 전했다. 이눌린은 식물뿌리에 흔히 함유되어 있는 다당체로서, 특히 치커리 등의 식물에는 다량 포함되어 있어 풍부한 섬유질을 구성하고 있는 성분이다. 고대 그리스와 로마에서는 치커리를 활용한 대체커피를 만들어먹었다고 하지만, 본격적으로 치커리가 대체커피로 만들어지기 시작한 것은 19세기 유럽에서의 일이다. 말린 치커리 뿌리를 10분 정도 로스팅한 후 물에 넣으면 연한 갈색과 구수한 향이 나는 치커리차가 된다. 이 때 로스팅 시간을 조정하여 커피 수준으로 진한 갈색의 치커리차를 만들 수 있다. 볶은 치커리차는 식이섬유 성분인 이눌린이 풍부하여 혈당을 낮춰주는 효능을 내는데, 국내에서도 치커리처럼 이눌린이 풍부한 돼지감자를 이용하여 차로 만든 제품이 하나둘 등장하기 시작한다. 또다른 대체커피 소재로는 '민들레'가 꼽힌다. 영국에서는 전통적으로 민들레 뿌리를 건조시켜 커피대신 차로 음용하던 문화가 있었는데, 이를 활용하여 민들레 뿌리로 만든 대체커피가 최근 선 보였다. 민들레 뿌리는 한방에서도 약용으로 사용될 만큼 건강에도 좋은 효과가 입증된 만큼, 국내에서도 새로운 대체커피로 개발하여 출시하면 어떨까 싶다. 이렇듯 대체커피는 단순히 카페인 섭취 억제 외에도 고유의 기능성 성분을 활용한 건강 기호식품으로서 활용할 수 있는 가능성이 충분히 있다.

식물성 식품의 한계를 넘는 비건푸드

비건푸드는 채식주의자들을 위해 개발된 식품이었으나, 최근에는 식물이 가지고 있는 고유의 기능성을 포함한 건강웰빙 식품으로 그 컨셉이 확대되어가고 있다. 비건푸드는 두유 같은 식물성 대체음료에서부터 대체육 등 식물성 대체고기까지 다양한 제품군을 포함하고 있으며, 최근에는 과자, 아이스크림, 마요네즈, 드레싱, 소스, 치즈, 버터 등 다양한 식품군이 비건푸드로 속속들이 출시된다. 비건푸드는 엄격한 베지테리언을 위한 100% 식물성 식품만을 가리키는 것으로 알기 쉬운데, 사실은 일부 동물성 식품도 포함하는 채식 위주의 식단으로서 다양한 메뉴가 있다. 베지테리언 중에는 고기는 안먹지만 계란은 먹는 오보(ovo), 고기 대신 채소와 유제품은 먹는 락토(lacto), 채소와 유제품, 계란은 먹는 오보락토 등의 분류가 있어 이들이 먹는 비건푸드에는 계란, 우유 및 이들의 가공품들을 포함하는 식품도 포함된다. 그 외 육류는 먹지 않지만 생선은 먹는 페스코(pesco), 육류 외 조류, 가금류는 먹는 폴로(pollo) 등 소, 돼지 등의 가축류만 먹지 않는 세미 베지테리언을 위한 비건 푸드 시장도 있어 현재의 비건푸드는 기존 일반 식품군들을 대체할 수 있는 다양한 식품을 포함하는 것으로 봐도 될 정도이다.

지금까지 비건푸드는 종교적인 이유로 인해 100% 식물성원료만 사용해야한다는 강박관념이 있었고, 그로인해 동물성 식재료에서만 섭취할 수 있는 영양소들이 부족하기 쉽다는 단점을 가지고 있었다. 건강 등의 이유로 비건푸드를 찾는 소비자가 늘면서 앞으로는 엄격하게 채식주의를 고수하기보다는 상황에 맞게 유연함을 가지고 건강과 영양의 균형을 찾는 비건푸드가 더 힘을 얻을 전망이다.

THE MANY TYPES OF PLANT-BASED EATERS

	Red meat	Poultry	Seafood	Eggs	Dairy	Plants	Buys leather/fur
Flexitarian*	✓	✓	✓	✓	✓	✓	✓
Pollo-Vegetarian		✓		✓		✓	✓
Pescatarian			✓			✓	✓
Lacto-Ovo Vegetarian				✓	✓	✓	✓
Lacto-Vegetarian					✓	✓	✓
Ovo-Vegetarian				✓		✓	✓
Fully-plant based						✓	✓
Vegan						✓	

*Sometimes called semi-vegetarian and/or part-time vegetarian.

채식주의의 종류

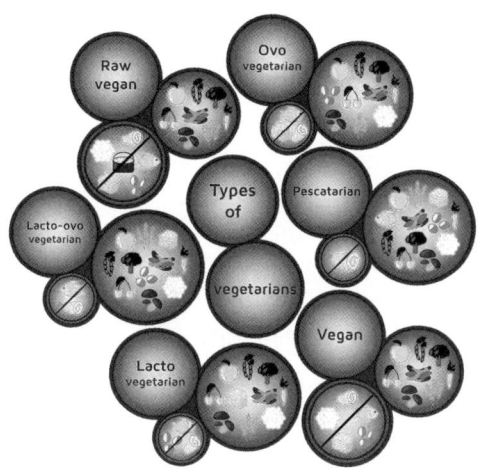

채식주의의 종류

한편 비건푸드 중 국내에서는 아직 치즈나 버터 등의 유가공식품을 식물성으로 대체한 제품이 출시되지 않았다. 해외에서는 모짜렐라 또는 슈레드 치즈 등이 식물성 원료로 대체된 비건 유가공제품들이 출시된 사례가 있다. 식물성 유가공제품의 핵심은 유지방을 어떻게 대체품으로 구현할 것인지에 달렸다. 지방의 대체품은 보통 전분 같은 고분자 탄수화물으로 구성된다. 지방과 탄수화물은 분자구조상 탄소사슬이 길고 유사한 크기의 고분자로 대체될 수 있어 해외에서는 실제로 전분 또는 변성전분으로 저지방 제품을 만드는 사례가 많다. 대표적으로 로우

팻이나 제로 팻 요거트 제품의 경우 탈지분유와 지방대체용 변성전분을 사용하여 제품화 된 지 제법 오래되었다.

다농, 요플레, 월마트 등 해외의 저지방 요거트 제품들

여러가지 이유로 성장하는 대체 식품시장

소비자의 니즈와 취향 변화로 인해 식품회사들은 항상 신제품을 출시하고 반응을 살핀다. 예전에는 식품회사가 기존보다 발전한 기술과 컨셉을 소비자들에게 먼저 소개하여 새로운 시장을 형성하는 경향이 있었다. 그러나 최근에는 대체식품, 비건식품 등이 스타일리쉬한 소비자들의 앞선 취향을 반영하는 제품군으로 발전하게 되면서 소비자가 먼저 요구하고 트렌드를 리드한다. 이런 트렌드들은 인터넷을 통해 해외시장의 변화를 접

한 소비자들이 스스로의 욕구를 만족시키기 위해 도입하는 것으로서 인스타나 유튜브 등 새로운 미디어채널을 통해 소통하는 문화가 발전하면서 더 활성화된다. 대체식품은 소비자가 먼저 요구한다는 점에서 지금까지 만들어온 식품산업 전체를 완전히 뒤흔들어놓을 가능성이 있다. 소비자의 니즈를 충족시킬 수 있는 대체식품들이 계속 시장에 등장하여 신성장 동력을 만들어 나가야 한다.

2. 식물성 재료로 만드는 고기 아닌 고기
- 식재료의 크로스 오버 기술

고기 아닌 고기, 훼이크미트(Fake meat)는 그 개발 역사가 꽤 오래되었고 전 세계적으로 제법 많은 제품들이 개발되고 있다. 그러나 고기 특유의 맛과 식감을 재현하기 힘들어 최근까지도 고기를 기피하는 채식주의자들이나 먹는 기껏해야 '맛없는 식품'으로 인식되어 시장점유율은 미미했다. 2015년 구글이 창업 4년 차의 작은 벤처기업 하나를 인수하려다가 퇴짜를 맞은 사건이 있었는데, 감히 구글을 퇴짜놓은 겁 없는 기업이 하는 사업은 바로 고기 아닌 고기를 만드는 일이었다.

맛있는 콩고기가 푸드 벤처붐을 이끌어…

2015년 10월 26일 WHO 산하 국제암연구기관(IARC)는 새로운 발암물질로서 햄, 소시지, 베이컨, 핫도그 같은 가공육을 담배나 석면처럼 발암 위험성이 높은 1군 발암물질로 규정하고, 소나 돼지 등에서 나오는 붉은 고기도 암 유발가능성이 있다고 발표했다. 세계 최고권위의 건강관련 기관인 세계보건기구(WHO)의 새로운 발암물질 발표는 전 세계인을 혼란에 빠뜨렸다. 채식주의자는 환영한 반면 육류를 즐기는 인구는 WHO를 비난하기 시작했다. 특히 독일 같은 소시지를 전통식품으로서 즐겨왔던 나라에선 정부가 직접 나서서 "가공 육류를 석면이나 담배와 같은 범주에 넣는다면 사람들을 불필요하게 걱정시킬 수 있으며, 중요한 것은 양"이라고 적극 해명했다. 아무리 중요한 것은 가공육이나 붉은 고기 자체가 아니라고는 하지만, WHO의 발표는 전 세계 사람들에게 영향을 주었다. 그리고 이번 기회에 그간의 식생활 패턴을 바꾸려는 사람들이 생겨났다. 샐러드나 발효식품의 형태로 야채 섭취량을 늘리려는 사람들이 많지만, 일부에서는 적극적으로 가공육 대신 식물성 고기를 섭취하려는 행동도 취하기 시작했다. 그결과 식물성 원료로 고기나 육가공제품을 대체하려는 기술이 주목받고 있고, 그런 경향

을 대표적으로 보여주는 사례가 바로 구글이 인수하려다가 퇴짜 맞은 기업, "임파서블푸즈(Impossible Foods)"에 관한 이야기이다.

임파서블푸즈는 2014년 10월 마이크로소프트 창업자 빌 게이츠, 홍콩 최고 부자인 리카싱(李嘉誠)의 투자사 호라이즌스 벤처스, 구글 벤처스, 코슬라 벤처스 등에서 7500만달러(약 860억원) 투자를 유치했다. 이어 2015년 10월 기존 투자자를 비롯해 넥슨 창업자 김정주 NXC 대표, UBS, 바이킹 글로벌 인베스터스 등으로부터 1억800만달러(약 1200억원)를 추가 유치했다. 스탠퍼드 대학 생화학과 교수 출신인 패트릭 브라운 임파서블푸즈 최고경영자(CEO)는 대학 근처 레드우드시티에서 회사를 창업했다. 그는 30년 넘은 채식주의자이지만, 자신이 실험실에서 식물을 원료로 개발 중인 햄버거 패티를 두고 "채식주의자를 겨냥한 음식이 아니다"라고 말한다. 육식을 하는 사람이 고기 대신 먹고 만족할 수 있는 음식이라는 것이다. 그간 고기를 대체할 수 있다는 식물성 고기는 신념이 없다면 먹기 힘든 맛없는 식품의 대명사로 꼽혀왔는데, 지속적인 기술개발을 통해 이제는 육식을 즐기는 사람도 만족감을 느낄 수 있는 수준으로까지 높여놓았다. 실제로 필자도 2012년 미국 애너하

임에서 열린 "Natural Product Expo"에서 콩으로 만든 대체 스테이크를 먹어보곤 기존의 비린내 나는 대체육에 대한 선입관을 버릴 수 있었다.

임파서블푸즈의 햄버거

기존 제품을 위협하는 계란대체품의 성장

동물성 단백질이 식물성 단백질보다 영양조성이나 맛, 물성 등에서 훨씬 뛰어나다는 것은 모든 사람이 인정하는 사실이다. 그러나 동물성 단백질은 최근의 가격 상승, 광우병 및 조류 독감 등의 식품 안전에 관련된 문제, 알러지 문제들로 인해 식물성 단백질로 대체하려는 움직임이 계속되고 있다. 동물성 단백질의 대체품으로서 가장 오래전부터 시도되어왔던 소재가 바로 대두단백인데, 가격과 물성, 공급량 면에서 가장 대체가능성이 높아 지금도 계속 연구되고 있고 상업적으로 성공한 사례도 점점 늘어간다. 유니레버(Unilever) 사내 벤처에서 출발한 알레그라푸드(Alleggra Food)사는 2005년 'Alleggra®'라고 하는 계란대체소재를 만들어 출시했다. 'Alleggra®'는 대두단백에서 만들었지만 계란과 거의 같은 물성을 지녀 베이커리 및 파스타, 각종 서양요리에 계란단백 대체재로 절찬리 판매되었으며, 계란단백의 원조 대체소재로서 확실한 입지를 넓히고 있다. 또한 대두단백으로 계란을 대체하는 기술을 바탕으로 개발된 식물성 마요네즈인 "Just Mayo"는 기존 식물성 대체품의 시장한계에서 벗어나 소비자들에게 맛으로도 각광받는다. "Just Mayo"는 미국 고급형 유기농 슈퍼마켓 체인인 홀푸즈마켓과 창고형 할인

해외의 식물성 계란대체품

점 코스트코, 세이프웨이, 월마트 등 메이저 유통업체에서 일반 마요네즈 제품과 나란히 진열되어 경쟁하고 있다. "Just Mayo"는 기존 식물성 대체 마요네즈와는 달리 소비자들 사이에서 인기가 많아져서, 제품 판매를 담당하는 미국 기업(Hempton Creek)이—대체계정 마요네즈 판매량이 날로 늘어나는 데 위협을 느낀 Knor® 브랜드를 소유한 식품 대기업(Unilever)으로부터—특허침해 소송을 당하기도 했다. 이런 해프닝은 식물성 원료로 만든 육가공 대체품이 어느 수준까지 왔나 잘 보여주는 사례로서 기존 유럽과 미국시장에서는 동물성 단백질을 식물성 단백질로 대체하고자 하는 움직임이 점점 증가한다. 이러한 경향으로 인해 미국 실리콘 밸리에서는 유명 벤처투자사들이 IT, 바이오 그 다음으로 농업 관련 기술이 유망하다고 하여 대체식품소재 관련 회사를 비롯한 농산업관련 회사에 투자검토를 집

중적으로 늘리고 있다. 아직까지는 투자자들이 쉽게 투자금을 투자할 수 있을 정도로 높은 밸류에이션이 나오는 회사는 많지 않지만, 임파서블 푸드 같은 기업이 하나둘 등장할 경우 대체육 시장은 식품산업의 블루오션으로 핵심에 자리잡게 될 날이 멀지 않은 듯하다.

미래환경을 생각하는 대체육 시장

전 세계적으로 육류의 소비는 지속적으로 증가하고 있다. 가파르게 성장하는 육류소비량에 따라 가축을 키우기 위한 사료의 소비도 늘어난다. 이렇게 빠른 속도로 육류 섭취가 늘어나게되면 사료로 쓸 식물자원이 부족해져서 목초지의 사막화가 점점 더 진행될 것이다. 그런 의미에서 곡물이나 콩으로 만드는 대체육 시장의 성장은 미래 환경문제를 해결할 수 있는 좋은 해결책으로 전국민 공중보건 측면에서나 환경이슈면에서나 지속적으로 진행되어야 한다. 글로벌 시장에서의 성공과는 별도로 국내 대체육 시장은 아직 도입기여서 가야할 길이 멀어보인다. 그러기에 해외에서의 기술트렌드를 참고하여 글로벌 시장에서 성공할 수 있는 경쟁력 있는 상품으로 대체육제품을 육성해보는 것도 한 번 검토해볼 만한 일이라고 생각된다.

3. 대체육의 역사와 기술 동향

2015년 10월 WHO 산하 국제암연구기관(IARC)에서 새로운 1급 발암물질로서 햄, 소시지, 베이컨, 핫도그 등의 가공육을 선정함과 동시에, 소, 돼지처럼 붉은 고기 역시 암 유발 가능성이 높다고 경고한 사건은 글로벌 가공육 시장에 커다란 충격과 새로운 트렌드를 창출하는 계기가 되었다. 각국에서는 WHO에 반발해 반박 성명들을 발표했지만, 한편으로는 식물성 대체육이 재조명 받게 되는 계기가 되었다. 또한 적색 육류를 사용하지 않는 고기로서 대체육과 관련된 이슈는 급성장하여 현재 푸드테크의 한 분야로서 임파서블푸즈, 비욘드미트 등 신개념 대체육 회사들이 급성장했다. 대체육 제품은 최근 10~20년 전 정도에서 시작된 것인 줄 아는 사람이 많지만, 생각보다 대체육은 오래 전부터 만들어져 왔다.

대체육의 역사는 100년 이상

대체육의 기원은 중국 당나라에서 발달하게 된 두부에서 찾을 수 있다. 두부는 기원전 한나라에서 최초로 발명되었으나, 당나라에서 시장이 제대로 형성되기 시작했으며, 송나라를 거치면서 동아시아 일대로 퍼져나갔다. 한편 중세 유럽에서도 금식기 육류 섭취를 대체하기 위해 잘게 자른 아몬드와 포도로 대체했다. 이때만해도 육류대체품들은 종교적 목적으로 소규모 집단에서 사용했기 때문에 일반인들은 지금처럼 대체고기들을 찾지는 않았다.

육류 대체 목적으로 대체육이 연구되기 시작한 것은 1910년대 1차 세계대전을 거치면서 육류 생산에 차질을 빚자 이를 극복하기 위한 방안으로 대체육 생산이 연구되기 시작했다. 초창기 기술이 부족한 관계로 식물성 대체육 제품은 대량 생산이 어려웠고, 품질 역시 전쟁이라는 특수상황이 아니라면 소비되기 어려운 수준이었기에 전투식량으로 거의 이용되지 않았다. 그 대신 참치, 토끼 등 비교적 쉽게 구할 수 있었지만, 잘 소비되지 않던 새로운 육류 단백질 공급원이 주로 전투식량으로 이용되었다. 1960년대 초 일본에서 대두유를 생산하고 남은 부산물인 탈지대두박을 어묵 등에 증량제로 적용하기 시작하면서 식물성 단백질의 이용은 새로운 전기를 맞게 되었다. 1964년 미국 FDA는 가공육류에 2%까지의 식물성 단백질 사용을 승인하면서 그때까지만해도 100% 동물성 고기로 만들었던 가공육류 시장이 변화하기 시작했다. 1976년에는 일본에서 육류 증량제 목적으로 사용된 대두단백질 양이 약 1만6천톤에 달할 정도로 대두단백질은 급격히 시장을 늘려나갔다. 사실 대두단백질은 대부분이 탈지대두박으로서 사료용 단백질 공급원으로 사용되었다. 그러나 2000년에 접어들며 미국 정부에 의해 콩단백질이 혈중 콜레스테롤을 낮추고, 심혈관계 질환의 예방에 도움이 된다고 승인되면서 이전보다 더 건강기능성으로 주목받기 시작했고 콩단백질을 활용한 대체육 시장 역시 지속적으로 성장하고 있다.

대체육 원료의 두 축 : 콩단백질과 밀단백질

전 세계 식물성 단백질 생산량 약 1천70만톤 중 약 95%가량이 콩단백질과 밀단백질로서 소비량 역시 이들이 거의 대부분을 차지한다. 콩단백질은 대두유 부산물인 탈지대두박에서 추출 정제를 통해 얻을 수 있으며, 밀단백질은 밀 전분 생산과정

에서 부산물로 나오는 글루텐을 회수하여 생산한다. 압출성형기(extruder)에 의해 생산된 조직화된 콩단백질(Textured Soy Protein, TSP)과 활성글루텐은 식물성 대체육의 기본 조성을 담당하는 중요한 원료이다. 여기에 소량의 결착제와 시즈닝, 그리고 고소한 맛을 주기 위한 식물성 오일이 첨가되어 대체육 특유의 조직감과 맛을 낸다. 추가로 이들만으로는 해결되지 않는 식감을 보완하기 위해 소량의 다른 식물성 단백질을 첨가하는 경우도 있는데, 이 때 이용되는 단백질은 완두단백질, 쌀단백질, 감자단백질, 옥수수단백질 등이 있다.

90년대 이후 가공기술발전이 대체육 시장 성장을 이끌어…

2018년 농림식품과학기술기획원에서 발표한 식물성 고기 R&D 동향 보고서에 따르면, 당초 콩고기로 불리던 대체육은 콩단백질과 밀글루텐으로만으로 만들었다고 한다. 이때는 맛보다는 식물단백질로 대체고기를 만들었다는 점에 의의를 찾는 수준이었다. 그러다가 1990년대에 단백질의 본질적 특성에 대한 연구와 더 나은 조직화된 식물성 단백질을 생산하는 기술에 대한 연구가 진척되었다. 이후 관능풍미, 이취와 이물감, 입촉감 등을 개선하기 위해 다양한 소재들이 첨가되고 테스트 되면서 식물성 대체육은 이전보다 훨씬 개선된 품질을 보이기 시작했다. 특히 2010년대 이후 콩단백질을 압출가공할 때 수분을 다수 포함하여 압출성형하는 수분 고함유 압출가공공정이 개발되었는데, 이렇게 생산된 TSP는 이전보다 더 고기와 유사한 조직감을 구현했다. 이러한 소재가공분야에서의 기술발전을 바탕으로 2010년대 중반이후 글로벌 트렌드와 맞물려 대체육 가공 기술을 앞세운 푸드테크 벤처들이 글로벌 시장에서 두각을 나타내기 시작했다.

정책적 지원으로 국내 대체육 시장을 견인해야…

1964년 미국 FDA에서 가공육 제품에 최대 2%까지 대두단백질을 사용할 수 있다고 승인해준 것은 식물성 대체육 시장형성의 결정적 계기가 되었다. 정책의 변화는 시장의 변화를 리드했다. FDA 승인 이후 가공육 증량제 시장에서 분리대두단백 사용이 급속히 확대되어 갔다. 2000년 미국 농무성에서는 학교급식에서의 비육류 대체육은 최대 30%까지만 사용될 수 있다는 규제를 폐지하고 100%까지 전량 대체할 수 있도록 승인함으로 인해 대체육 시장이 성장할 수 있는 기반을 조성했다. 해외의 대체육 시장 성장 역사를 보면 국내에 참고할 수 있는 부

분이 적지 않다. 식품 신기술의 도입과 성장은 국가정책 변화와 맞물려 진행되는 경우가 많다. 가공식품기술의 발전은 가공기술과 영양 모두를 고려하여 진행되어야 한다. 아무래도 식물성 대체육은 맛 외에도 영양적인 부분에서 분명 단점을 가지고 있다. 그러나 한편으로는 식품은 입으로 섭취하는 것이기에 다소 보수적일 수 밖에 없는데 전통적인 입장을 고수하다보면, 새로운 시장변화와 성장은 다가오기 힘들다. 최근 국내 대체육 기술 발전에 정부에서도 관심을 많이 가지고 있다. 유행에 따라가는 것이 아니라 어떤 것이 바람직한 방향인가에 대해 진보적인 견해와 보수적인 견해를 포함하여 더 진지하게 고민해볼 필요도 있을 것이다.

4. 대체육을 만드는 기술

식품을 좀 안다는 사람들은 대체육하면 콩고기를 많이 떠올리는데 글로벌 시장에서 유행하고 있는 대체육은 예전의 그 콩고기가 아니다. 이른바 고수분함유 대체고기(High Moisture Meat Analogue, HMMA)라하여 기존 콩고기와는 다른 촉촉한 조직감과 사용범위로 전통적인 육류 제품을 하나씩 대체하고 있다. 여기에 더해 다른 컨셉과 가치로 접근하여 글로벌 식품시장에서는 비건(Vegan), 채식 열풍이 불고 있다. 이러한 전 세계적 트렌드가 한국에도 상륙하여 이제는 드디어 국내에서도 비건 단백질 식품을 제대로 만들 수 있는 시장여건이 만들어지는 순간이다.

가치와 맛 때문에 소비하는 대체육

흔히 대체육은 채식주의자들 또는 육식보다는 채식이 건강에 좋다고 생각하는 사람들이 선택한다고 생각하지만, 지금 전 세계적으로 불고 있는 대체육 바람은 기존에 제기되던 그러한 이유 말고도 환경과 지속가능한 농업에 더 방점이 찍히는 추세다. 해외 채식주의자들의 다수는 환경오염과 식량자원 고갈이라는 문제에 대비하기 위한 "지속가능성"이라는 화두에 꽂혀 대체육을 선택한다. 현재의 공장식 축산 방식이 야기하는 가축분뇨로 인한 하천오염과 토양오염, 그리고 가축들이 방출하는 메탄가스에 의한 온실효과 유발과 지구온난화 문제는 그러한 선택을 사회적으로 절실히 필요한 것으로 만들어주고 있다. 또한 사료로 소요되는 막대한 양의 식량자원은 농토의 사막화 등 지구환경을 황폐화하고 미래농업의 지속성을 해치는 원인으로서 꾸준히 언급되어 왔다. 이러한 상황에서 미국과 유럽의 상위층 소비자들은 가치를 위해 대체육에 관심을 가지게 되었지만, 선뜻 구입하기엔 부족한 맛 품질 때문에 식물성 대체육들은 시장에 자리잡기가 어려웠다. 그러다가, 최근 급격히 발달하게 된 식물단백질로부터의 대체육 제조기술로 인해 비로소 관심을 가지고 투자할만한 아이템으로 식품시장에 등장하게 되었다.

대체육 제조의 핵심 : 단백질 텍스쳐와 맛

글로벌 대체육류 기업 임파서블푸드가 기존의 대체육과 차별화한 것은 맛이다. 고기의 피 맛을 구현할 수 있는 헴철을 제조하여 대체육에 넣는 기술이 핵심인데, 이로 인해 실제 고기와 구분할 수 없다는 소비자들의 평을 듣고 있다. 채식관점에서만 생각해본다면 이러한 대체육 접근 방법은 생각해볼 수 없었겠지만, 채식이 아닌 가치로 소비되기에 지금의 대체육 제조 전략은 이러한 비식물성 원료도 얼마든지 채택가능하다.

대체육 제조시 가장 중요한 것이 고기와 같은 조직감을 구현하는 기술이다. 보통은 콩단백질을 extruder로 가공하여 만드는데, 이때의 extruder는 단백질에 열과 압력을 동시에 적용시켜주는 수단이다. 콩단백질이 extruder 내부에서 열과 압력을 동시에 받게 되면, 구형 또는 부정형으로 넓게 콩 조직내에 퍼져있던 단백질 입자가 납작하게 눌려서 선형으로 배열된다. 그러다가 extruder로부터 토출되어 나오면서 열과 압력이 급하강함에 따라 순간 조직이 팽창되며, 곧바로 식히고 건조하면 푹신푹신한 조직을 갖는 물질이 된다. 이것이 콩고기의 제조원리다. 이렇게 만들어진 콩고기는 몇가지 문제가 있는데, 우선 콩안의 지

방성분이 산패가 되면서 비린내와 이취를 낸다. 이런 문제를 극복하기 위해 콩고기 제조시에는 보통 탈지한 대두박을 많이 사용하며, 탈지대두박이라 해도 잔류지방이 남아 있기 때문에 이취제거는 콩고기 품질에 굉장히 중요한 기술이 되고 있다. 외국에서는 이취제거를 위해 콩고기 제조시 적당한 마스킹 향을 함께 제조하기도 한다.

한편 extruder로 제조한 콩고기는 푹신한 식감 때문에 고기와 유사하다는 평가를 받지만, 패티나 너겟, 스테이크 등 여러가지 가공식품에 사용되기에는 식감이 진짜 고기처럼 자연스럽지는 못하다. 가장 큰 문제는 고기를 구성하는 근육단백질은 근섬유가 다발로 묶여 길게 체인형태로 늘어진 선형단백질인데 비해 대부분의 식물 단백질은 구형이라는 점에 있다. 이를 해결하기 위해 extruder로 열과 압력을 가해 선형으로 늘어지게 만들지만, 근육단백질은 가공시 근섬유가 분해되고 소금 등의 나트륨 이온과 만나면 용해되어 수분을 흡수하면서 고유의 탄성을 구현하는 관계로 이러한 조직감을 구형의 불용성 단백질인 식물 단백질이 만들어내기란 쉬운 일은 아니다. 이 때문에 해외 단백질 가공업체에서는 식물성 단백질 외 다른 첨가물들을 함께 넣어서 extruder 등으로 가공하고 있다.

조직감 외에도 식물성 단백질은 생산공정 중 고유의 이취를 가지는 경우가 많다. 콩단백질은 비린내, 밀 등의 곡류 단백질은 곡류 특유의 냄새들이 원료에 잔류되어 있어 대체육으로 가공하더라도 시고 떫은 이취발생을 피할 수 없다. 이취를 줄이려면 신선하고 품질이 우수한 식물성 단백질 원료를 사용해야 하는데, 국내에서는 단백질원료가 전혀 생산되지 않으므로 다른 나라에 비해 국내에서 대체육을 생산하기란 꽤 까다로운 상황이다. 한편 이취를 줄이고 더 고기 같은 냄새를 풍기게 하는 조미기술은 직전 세대의 콩고기와 최근의 대체육을 구분할 수 있는 가장 큰 차이점이다. 대부분 단백질로 구성되어 있는 고기는 불에 구웠을 때 독특한 향미를 낸다. 불맛이라고 표현되는 이 속성은 단백질과 지방, 그리고 탄수화물이 복합적으로 반응하여 나오는 향인데 식물성 고기에서도 불맛을 구현하려면 고기의 성분구성비와 분포 등을 감안하여 가열시 적절한 반응이 일어날 수 있는 조미향을 첨가하여 만들 수 있다. 종합적으로 요즘 핫한 대체육을 구현하려면 단백질 원료의 품질과 텍스쳐 가공기술, 한 단계 앞선 조미기술이 잘 어우러지는 것이 핵심이라고 말할 수 있을 것이다.

배양육 등 다른 대체육 시장도 커지고 있어…

식물성 고기 외에도 종래의 축산산업을 대체하는 기술은 다양하게 존재한다. 그중 대표적인 것이 근육세포를 배양해서 만드는 배양육인데, 미국에서는 이미 시장에 출시가 되었을 정도로 앞서가 있다. 국내에서는 시장에 대체육이 많지 않고 그 품질도 해외에 못 미쳐서 일부 채식주의자들만 찾는 제품으로만 인식된다. 이미 국내 축산업은 분뇨폐수 처리에 관한 환경규제로 인해 생산 규모를 늘리기 어려운 상황이 되었기에 대체육으로 육류 소비 시장을 커버하는 것이 미래의 식량산업을 위해 필요한 전략이라고 생각된다. 대체육을 바라보는 일부 축산업자들의 부정적인 시각도 있지만, 악화되어가는 지구의 환경과 지속가능한 농업을 생각하면 대체육 기술은 향후 중요한 국가 기술이 될 수 밖에 없을 것이다.

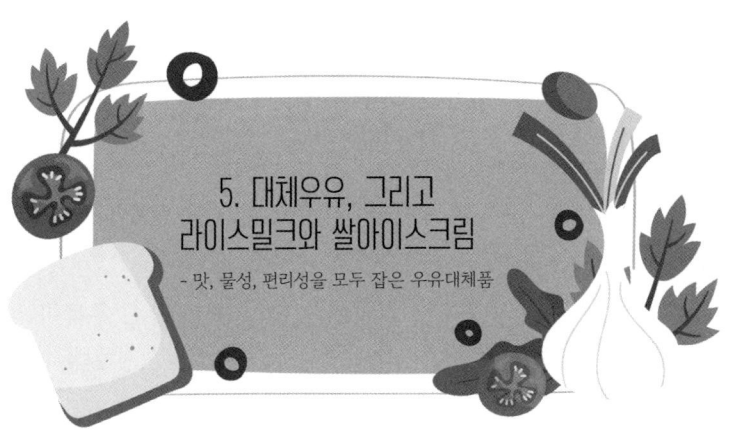

5. 대체우유, 그리고 라이스밀크와 쌀아이스크림
- 맛, 물성, 편리성을 모두 잡은 우유대체품

우유는 오랫동안 좋은 영양공급원으로서 어린이 영양보급에 중요한 역할을 해왔다. 그러나 최근 알러지 문제와 포화지방 과다 섭취 우려 등으로 인한 건강문제가 제기되고 있다. 2014년 말에는 스웨덴 웁살라 대학의 칼 미카엘손 교수가 우유를 하루에 3잔 이상 마시면 사망위험이 높아진다고 하는 연구결과를 발표하여 소비자들에게 우유 섭취를 다시 생각하도록 만들었다. 이렇게 우유에 대해 논란이 지속되면서 해외에서는 기존의 소에서 나오는 우유 대신에 대체우유를 찾는 소비자들이 점점 증가하고 있는 추세다.

선진국 중심으로 성장하는 대체우유시장

아몬드우유

대체우유는 보통 식물성 원료에서 추출한다. 주로 콩, 쌀, 아몬드, 귀리, 호두, 땅콩 같은 각종 곡물이나 두류, 견과류가 사용되고 있다. 대체우유는 원래 유당불내증 환자나 채식주의자가 주로 찾던 식품이었으나, 대규모 기업농의 경우 항생제 과다 투여 문제, 광우병 이슈 등이 부각되면서 건강에 관심을 갖는 소비자들이 점점 더 찾기 시작했고, 최근에는 글루텐프리, 저칼로리, 저지방, 콜레스테롤 제로 등의 컨셉으로 확장되었다.

2021년 한국농수산식품유통공사에서 발표한 대체우유 시장자료에 따르면 국내 우유시장은 코로나19의 영향으로 학교에서 소비되는 우유

소비가 정체상태에 있는 반면 대체우유는 2020년 기준 약 431억원 규모로서 2016년 대비 51%가량 성장할 정도로 고성장 상태에 있으며, 2025년까지는 연평균 9% 정도 성장하여 약 668억원에 도달할 것이다. 대체우유 시장에서는 아몬드밀크가 대세가 되는 상황에 귀리우유가 지속적으로 성장하고 있고, 캐슈넛이나 쌀눈 등 견과와 곡물을 활용한 새로운 대체우유가 등장하여 소비자 니즈를 만족시키고 있다. 한편 글로벌 대체우유 시장트렌드에서 한국, 중국, 일본의 동아시아 3개국은 이미 시장이 형성되어 있는 지역으로 분류된다. 이들 나라에서는 전통적으로 두유가 널리 섭취되고 있기 때문에 콩보다는 아몬드, 쌀, 귀리, 호두 등 다양한 식물성 공급원으로 식물성 대체우유를 만드는 다른 지역과는 차이를 보인다. 이 때문에 동북아 3개국에서 대체우유는 곧 '두유'를 의미할 정도로 두유시장이 탄탄하게 형성되어 있었으나, 최근 대체우유의 인기는 이러한 시장구조를 깨뜨릴 정도로 강력한 포텐셜을 보여주고 있다.

쌀을 먹는 새로운 방법, 라이스밀크

2015년 초 일본에서 발행되는 월간 "닛케이 TRENDY"(日經 TRENDY)에서는 2015년에 히트할 상품으로서 "라이스밀크"를

4위로 꼽았는데 전에 없던 새로운 쌀가공식품의 등장은 국내에서도 화제로 보도되었다. 일본은 1961년 111.7kg에 이르던 1인당 쌀소비량이 2013년엔 절반 정도인 56.9kg으로까지 떨어지며 쌀소비가 줄고 있어 고민 중이라 기존과 다른 방법으로 쌀을 섭취하는 방법을 고민하고 있었는데 라이스밀크의 등장으로 인해 쌀소비가 증가할 것으로 기대되었다. 특히 라이스밀크는 우유 대신 빵과 과자, 커피, 파스타 등 다양한 식품에 사용가능하다는 것이 입증되었다. 뿐만 아니라 저지방, 저칼로리인 건강식으로 입소문이 나면서 도쿄 중심가 식료품 매장에까지 영역을 넓히면서 고학력 독신여성을 중심으로 판매량이 늘었다. 이렇게 기존의 우유, 두유도 아닌 제3의 대체품으로서 등장한 새로운 식물성 우유는 2020년대 들어서 일본에서는 '제3밀크'라 부르는 새로운 이름의 시장을 형성했다. 제3밀크 분류에는 라이스밀크, 오트밀크, 아몬드밀크 등이 속해있으며 이중 오트밀크, 아몬드밀크가 선두주자라고 할수 있다.

건강과 사용편리성, 맛 모두 잡은 라이스밀크의 인기

라이스밀크는 아몬드, 오트밀크 등 다른 대체우유와는 구분되는 독특한 장점을 가지고 있다. 첫 번째, 알러지가 없고, 저지방, 저칼로리 식품인 까닭에 해독이나 다이어트 식품에 관심을 갖는 젊은 여성들에게도 유익한 음료이다. 알러지가 없으므로 1년 미만의 영아에게 우유나 두유 대신 안심하고 먹일 수 있다는 장점이 있는데, 아기들에게 좋은 만큼 성인에게도 힐링푸드로서 좋은 특징을 가지고 있다. 직접 만들어 본 라이스밀크의 경우 100ml당 열량은 약 30kcal로서 우유의 절반수준에 지나지 않고, 지방함량은 1.5g으로서 우유의 1/4 수준이다. 두 번째, 우유와 거의 유사한 색상과 물성이 있어 각종 식품에 우유 대신 사용가능하다. 일본의 최대 레시피공유사이트인 쿡패드에는 라이스밀크가 등장한 지 단 1년 만에 이미 240여종의 라이스밀크를 활용한 요리 레시피가 등록되어 있다. 라이스밀크로 만들 수 있는 요리들도 식빵, 쿠키 같은 제과, 제빵제품부터 아이스크림, 스프, 스튜, 파스타, 그라탕 같은 디저트와 요리까지 다

라이스밀크의 다양한 버전

양하다. 이러한 확장성은 다른 비건밀크류와는 확실히 구분되는 점으로서 쌀이 은은한 향취를 가지고 있어 다른 식재료와 조화되는 맛을 가지고 있기 때문이다. 마지막으로 이렇게 열량과 지방함량이 감소했음에도 불구하고 두유나 우유에 비해 뒤지지 않는 맛이 있고, 쌀 고유의 은은한 단맛을 낼 수 있어 다이어트 선식, 각종 식사대용식품에 물, 우유, 두유대신 널리 활용될 수 있는 장점이 있다.

라이스밀크로 만든 쌀아이스크림도 기대

쌀전분은 입자가 수 μm 수준으로서 굉장히 작아 지방을 대체할 수 있는 특징이 있다. 이러한 쌀전분 속성을 이용해 만든 쌀아이스크림을 만들 수 있는 가능성은 비교적 오래전부터 제시되어 왔다. 이탈리아에서는 리조(Riso)라 하여 쌀을 함유한 젤라또가 많이 팔리는데, 국산 쌀 아이스크림이 수 년 전부터 등장하여 인기리에 팔린 바가 있다. 그러나 이렇게 팔린 제품들은 우유베이스로 된 기존의 아이스크림에 쌀을 넣었기에 100% 비건식품은 될 수 없었다. 최근 이 리조 젤라또에 우유 대신 라이스밀크를 넣은 새로운 제품이 나왔다. 이 새로운 쌀 아이스크림은 입에서 거의 느낄 수 없을 정도로 곱게 분쇄처리한 라이스밀크로 만드는데, 고운 쌀입자에서 나오는 크리미한 식감은 유지방을 대신하여 고소한 맛을 낸다. 라이스밀크는 아이스크림 외에도 푸딩이나 젤리류, 브라우니나 쿠키, 스무디 같은 디저트에도 사용가능하기 때문에 비건식품을 즐기고자 하는 소비자에게 훌륭한 대안으로서 자리잡을 것이다.

6. 식물성 치즈의 가능성

최근 환경 및 윤리, 탄소저감, ESG 경영 등이 첨단 이슈화되면서 각종 동물성 식품을 식물성으로 바꾸려는 시도가 늘고 있다. 식물성 대체육이 해당 이슈의 대표적 사례이지만, 이것이 전부는 아니고 우유 및 유가공품을 식물성 원료로 대체하려는 시도는 오래전부터 꾸준히 있어왔다. 해외에서는 베지테리언들이 자가 소비용으로 만들기 시작하여 일부 제품은 시중에 판매될 정도로 진보된 모습을 보인다. 국내에서도 아몬드밀크, 오트밀크 등 식물성 우유가 확산되면서 이를 이용한 비건 버터와 치즈 같은 유가공품들을 식물성으로 대체하는 것에 대해 점점 관심이 늘고 있는 추세이다. 식물성 우유와는 다르게 단순히 식감만 흉내내는 것만으로는 유가공품을 대체하기 어려운데, 그 이유는 버터나 치즈는 단품으로 섭취되기도 하지만 가공식품에 원재료로 쓰여 다른 재료들과 함께 식품의 고유한 맛과 식감 등을 내는 역할을 하기 때문이다. 그럼에도 불구하고 해외에서는 식물성 버터나 치즈의 시장이 점점 커지고 있는데, 해외 시장 동향과 함께 제조원리에 입각하여 조금더 발전된 식물성 치즈를 만드는 방법을 한번 생각해 봤다.

글로벌 식물성 치즈 시장은 성장중…

해외에서는 이미 다양한 식물성 치즈가 시판되고 있으며, 유튜브를 찾아보면 쌀로 치즈를 만드는 방법까지 동영상으로 자세하게 설명되어 있다. 유튜브에서 소개하는 쌀 치즈 만드는 방법은 쌀가루에 타피오카 전분 등 전분류를 기본 재료로서 이용하며, 여기에 치즈풍미와 물성을 내기 위해 드라이이스트, 유산균, 젖산 등을 혼합하여 치즈 고유의 풍미를 내는 방식이다. 이렇게 만든 반죽에 적당량의 식용유를 추가하여 반죽하거나 아몬드 밀크나 오트밀크 같은 식물성 대체 우유를 넣어 혼합해주면 치즈의 쫀득한 식감까지 구현된다. 여기에 치자나 강황 같은 노란색 색소를 첨가해주면 마치 체다치즈 같은 느낌을 낼 수 있다. 이런 방식으로 만든 식물성 치즈를 실제 먹어보면 치즈와 유사

한 느낌도 나고 심지어는 스트레칭까지 되는 등 치즈의 물성을 많이 따라갔다. 그런데 어딘지 모르게 많이 먹어본 느낌이 난다. 바로 쫀득한 찰떡이 이 물성과 매우 유사해 보인다.

견과류를 이용해 만든 식물성 모조 치즈도 있다. 캐슈넛을 소량의 물과 함께 분쇄하여 반죽이 걸쭉하게 만들어지도록 한다. 그 다음 유산균을 첨가시켜 성형후 천에 넣고 발효시키면 까망베르와 유사한 치즈가 만들어진다. 부드러운 캐슈넛의 조직과 고소한 지방맛이 어우러져 나름 치즈의 풍미와 유사한 맛을 낸다. 이외에도 모짜렐라, 파마산, 리코타 치즈 등도 식물성 제품으로 개발되어 판매하고 있다. 이들 식물성 치즈를 만드는 원료로는 대두, 아몬드, 코코넛 등이 이용되고 있다고 한다. 글로벌 마케팅 조사기관(Grand View Research) 보고서에 따르면, 전 세계 식물성 비건 치즈 시장은 2019년 약 10억 1천만달러로 예상되며, 2027년까지 연평균 12.8%의 성장률을 보일 것으로 예상되고 있다. 유럽시장을 중심으로 식물성 비건 치즈가 속속들이 출시되고 있는데, 예를 들어 2020년 영국 슈퍼마켓(Tesco)에서는 그린비푸즈사의 비건 모짜렐라 치즈를 출시했다. 여기에 더해 기존 유제품 업체들도 증가하는 수요를 포착하기 위해 식물성 치즈 산업에 뛰어 들고 있다.

식물성 식품 브랜드 'So Delicious' 로고

식물 단백질을 이용하여 진짜 유사한 치즈만들기

치즈는 원래 유목민들이 우유를 장기보관하면서 먹기 위해 만든 저장식량으로 발명되었다. 우유에는 당류, 단백질, 지방, 칼슘 등 여러가지 영양소들이 골고루 포함되어 있지만, 쉽게 상해서 보관하기 어렵다는 것이 단점이었다. 레닛으로 인해 우유가 굳는 우연한 발견으로 우유에서 수분을 제거하는 방법이 고안되고, 커드로 굳은 우유단백질에 소금을 첨가하여 유산균 발효가 더해지면서 치즈의 역사가 시작되었다. 치즈를 만들기 위해 이렇게 우유, 레닛, 소금, 유산균 및 미생물이 필수적인 원료들이지만 현재까지 만들어진 식물성 치즈는 원료가 다른 만큼 영양소 조성 역시 자연 치즈와는 약간 다르다. 기존과 식물성 치즈 모두 지방을 포함하는 부분은 공통적이지만 기존 치즈의 점

성과 인장력은 단백질에 의한 것이고 식물성 치즈는 탄수화물과 증점제에 의해 구현되므로 차이가 있다. 이렇듯이 제품의 구현 메커니즘의 차이로 인해 아직까지 식물성 치즈를 치즈라고 부르기에는 다소 부족한 면이 있는 것이 사실이다.

그렇다면, 기존의 자연 치즈를 만드는 메커니즘에 따라 식물성 치즈를 만들어 보면 어떨까? 여기서 가장 중요한 것은 단백질의 역할이다. 우유 단백질은 치즈 형성에 매우 중요한 역할을 하는데, 그중에서도 카제인은 치즈를 형성하는 메커니즘의 핵심에 위치한다. 카제인은 유지방의 1/1000 정도 되는 크기로서 유지방을 둘러싸 미셀을 형성하여 유지방이 물 속에 고르게 분산되도록 하며 다른 미셀이 접근할 경우 전기적 힘으로 밀어내어 미셀들이 뭉치지 못하도록 한다. 그러나 여기에 레닛 효소, 즉 키모신을 처리해주면 미셀을 보호하고 있던 카제인이 분해되면서 미셀구조가 해체된다. 중간이 잘린 카제인은 전기적 인력에 의해 서로 결합하고 뭉치게 된다. 이렇게 카제인이 단단한 커드를 형성하게 되면 여기에 다양한 미생물이 들어와 배양됨으로써 다양한 맛의 치즈를 낸다. 미생물 배양중 일어나는 산도의 변화는 치즈를 더욱 단단하게 만들어 치즈다운 물성으로 만든다. 만약 식물성 치즈에서도 카제인의 역할을 할 수 있는 식물성 단백질 공급원만 발견할 수 있다면 이후 미생물 발효 기술을 통해 일반 치즈와 유사한 물성과 맛을 낼 수 있는 가능성이 있다. 지금은 주로 대두단백질을 이용하여 커드를 형성할 수 있게 처리하고 미생물을 접종하는 방법을 택하지만, 콩 고유의 비린내와 이취 때문에 기호도가 높은 치즈를 만드는 것에는 다소 한계가 있다. 따라서 기존 대두단백의 단점을 개선한 새로운 식물성 단백질을 원료로 하여 치즈와 유사한 식감을 낼 수 있는 기술이 개발된다면 소비자들에게 한결 더 익숙한 맛을 제공할 수 있을 것이고, 지금까지와는 달리 식물성 치즈 시장의 성장 가능성이 높아질 것으로 생각된다.

전통을 살려 다양한 식물성 식품문화를 만들어보자.

글로벌 시장의 성장에도 불구하고 국내 비건 치즈 시장은 거의 존재를 찾아보기가 힘들다. 우선 카제인을 대체할 수 있는 가공기술이 부족한 것에서 원인을 찾아볼 수 있을 것이다. 물성을 다양하게 만들어줄 수 있는 신규 식물성 소재들이 국내 시장에서는 많이 유통되고 있지 못한 것에도 그 이유를 찾아볼 수 있다. 대신 발효를 통해 유사한 식감을 구현하려고 노력중이다. 원래 한식메뉴에서는 다양한 식물성 식재료들이 사용되

었을 정도로 우리의 식문화에서는 식물성 자원을 이용하는 것에 익숙했다. 이러한 전통을 잘 살려 앞으로 가용할만한 국산 식물성 자원이 지속적으로 공급될 수 있고, 이에 대한 연구가 활발하게 진행된다면 머지않아 글로벌 시장 수준까지 따라가 볼 수도 있지 않을까 기대해본다.

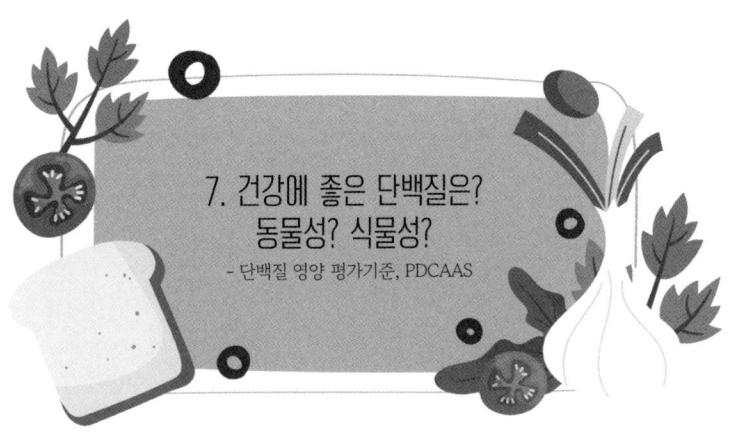

7. 건강에 좋은 단백질은?
동물성? 식물성?
- 단백질 영양 평가기준, PDCAAS

좋은 몸매에 대한 한국인의 관심은 근래에 들어서 매우 커지고 있는 것 같다. 불황의 시대에도 식스팩으로 대표되는 다이어트와 피트니스에 대한 열풍은 식지 않고 있으며, 이와 관련된 정보들도 지속적으로 공급된다. 이런 정보들의 중심에는 좋은 단백질을 잘 섭취하는 방법에 대한 것들이 있다. 그리고 단백질 종류에 따라 어떤 단백질이 정말 좋은 단백질인지 갑론을박하는 내용들도 많다. 과연 어떤 단백질이 좋은 단백질일까? 일단 인터넷에서 흔히 얘기하고 있는 기준들을 얘기하면, 분지아미노산(Branched Chain Amino Acid, BCAA)이 많으면 근육형성이 많이 되므로 좋다고들 하고, 필수아미노산이 많이 들어있거나, 흡수속도가 빠른 단백질이 좋다는 얘기들이 떠돈다. 동물

성 단백은 많이 먹을 경우 동맥경화를 일으키기 때문에 그보다는 식물성 단백이 좀더 몸에 좋다는 얘기도 있다. 그러나 이 모든 얘기는 단백질 판매업체의 마케팅 스토리에서 파생된 것일 뿐 실제로 공인받은 방법들은 아니다.

단백질 평가를 위한 다양한 지표들, PDCAAS

단백질의 품질을 평가하기 위해 일찍이 미국에서는 "단백이용률"(Protein Efficiency Ratio, PER)이라는 지표를 사용해왔다. 1919년 오스번 등에 의해 제안된 지표로서 섭취한 단백질량 대비 체중증가량의 비율로 정의되며 처음 제안된 후 오랫동안 미국 농무성의 단백 품질 평가지표로 사용되어 왔다. 단백이용률은 쥐 같은 설치류에게 일정한 식이를 투여하면서 측정하는데, 문제는 설치류는 털이 많기 때문에 증가된 체중증가량에 털 증가량이 상당량 포함되어 있지만 사람은 털이 거의 없기 때문에 털 증가량은 쥐 만큼 많지 않다는 한계가 있다. 때문에 이를 보완하기 위해 "생물가"(Biological Value, BV)라는 지표도 함께 사용되는데, 이는 투여한 단백질량 대비 체내이용된 단백질량의 비율로 계산되며, 섭취한 단백질이 정확히 근육으로 얼마나 많이 생성되었는가를 볼 수 있다. 그러나 근육을 형성하는 분지아미노산(BCAA)이 많이 들어 있는 동물성 단백이 그렇지 못한 식물성 단백에 비해 좀더 높은 수치를 나타내는 경향이 있어, 단백질의 종합적인 품질 평가 지표로는 적당하지 않다라는 의견도 있다. 무엇보다도 이들 지표는 동물실험 결과에 기반하여 산출되기 때문에 사료용으로 개발된 지표라서 대사가 다른 인간에게 적용하기는 어렵다. 이보다는 좀더 인간에게 적합한 단백평가지표 개발의 필요성이 대두된 바, 1990년대 초 FAO와 WHO에서 "단백소화율로 보정된 아미노산스코어"(Protein Digestibility Corrected Amino Acid Score, PDCAAS)를 새로 제안하였고, 1993년 미국 농무성 및 FDA에서 채택함으로써 이젠 거의 단백질 공인 지표가 되었다. PDCAAS는 단백질 소화율에 아미노산스코어를 곱한 것인데, 여기서 아미노산스코어란 단백질내 필수아미노산 조성이 얼마나 고르게 분포되어 있는지 수치화한 지표로서 단백가라고도 말하며, 19세기 폰 리비히가 발표한 최소율의 법칙에 의거하여 필수아미노산 중 일일 필요량 대비 가장 부족하게 들어있는 아미노산 비율을 계산하여 산출한다. 이때 아미노산 일일 필요량은 미국 연구회(NRC) 또는 FAO/WHO/UNU 컨퍼런스 등의 여러 기관에서 발표하는데, 보통은 FAO/WHO/UNU 컨퍼런스에서 1985년, 1991년 등의 회의때 발표한 수치를 많이 사용한다. 그리고 소화흡수율과 아

미노산스코어를 곱한 PDCAAS가 1인 단백질을 완벽히 이용가능한 단백질이라고 하여 완전단백질이라 부르며, 1미만인 단백질을 불완전단백질이라고 한다. PDCAAS가 1인 단백질을 섭취하면 버리는 것 없이 섭취한 양 그대로 소화시키고 이용할 수 있는 반면 PDCAAS가 1보다 낮은 단백질은 먹은 양 중 일부만 이용하고 나머지는 그냥 버려지게 된다. 흔히 유청, 계란과 같은 동물성 단백질은 완전단백질이지만 콩, 완두, 밀, 쌀, 옥수수 같은 식물성 단백질은 불완전단백질이라고 얘기하고 있으나, 아래 표를 보면 쇠고기, 닭가슴살 등은 동물성 단백임에도 불구하고 PDCAAS가 1이 아니므로 불완전단백질임을 알 수 있다. 이는 단백질을 계란이나 쇠고기, 닭가슴살 같은 식품형태로 섭취할 경우 섬유질 등의 소화방해인자들에 의해 흡수가 저해되어 단백소화율이 100%가 아닐 수 있다. 또한 육류식품의 경우 경우에 따라서는 필수 아미노산 중 트립토판이 약간 부족한 경향이 있어 동물성 단백이라고 해도 단독섭취할 경우 영양이 부족해질 우려가 있다. 그리고 식물성 단백질의 경우 자연상태로 있을때는 식이섬유 및 트립신저해제, 피틴산 등의 소화방해인자들로 인해 소화율이 매우 낮다. 그렇지만 이것들을 분리정제한 후 단백질을 농축하면 소화방해인자가 제거되기 때문에 동물성 단백질에 필적하는 단백이용률를 보이는데, 대표적인 것이 대두분리단백이며, 현재까지 개발된 식물성 단백중 유일하게 PDCAAS가 1에 가까운 수치를 보여 동물성 단백질의 대체가 가능하다.

식품종류	닭가슴살	쇠고기	참치	계란	우유	두부	연어
BV	79	80	83	93.7	84.5	64	76
PDCAAS	0.91	0.91	0.9	0.97	0.94	0.93	1

식품종류	쌀	옥수수	완두	귀리	분리유청단백	농축유청단백	대두단백
BV	64	60	76	55	159	104	74
PDCAAS	0.47	0.42	0.73	0.57	1	1	0.96

표. 단백질별 생물가(BV)와 단백소화율로 보정한 아미노산스코어(PDCAAS) 비교

균형적인 단백질 섭취를 위한 방법

PDCAAS 관점에서 보면 식물성 단백은 거의 대부분 영양이 불균형한 불완전 단백이다. 식물성 단백이 동물성 단백보다 좋을 것이라는 일반인의 믿음과는 다른 불편한 진실로 질병관리청에서 발표한 2017년 국민건강통계 자료에 따르면 한국인이 단백질 공급원으로서 가장 많이 섭취하는 식품은 육류(21.4%)지만 곡류에서 섭취하는 단백질도 전체 단백질 섭취량의 19.5%

를 차지할 정도로 높은 편이다. 곡류 단백질 공급원은 주로 쌀 단백질인데 쌀단백질은 PDCAAS가 0.47밖에 안되는 불완전한 단백이라 먹는 양의 절반 정도 밖에 이용을 못한다. 따라서 필요량 이상으로 밥을 더 먹어야할 것으로 생각할 수도 있을 것이다. 쌀의 PDCAAS가 낮은 주요 원인을 들자면, 우선 쌀에는 섬유소나 피틴산과 같은 소화방해인자들이 포함되어 있고, 필수아미노산 중 라이신이 매우 부족하여 FAO/WHO가 설정한 1일 섭취기준량의 65%밖엔 포함되어 있지 않다. 이는 곡류단백질에 공통적인 현상인데, 특히 밀의 경우는 라이신 함량이 쌀보다도 훨씬 낮아서 기준량의 49%밖에 포함되어 있지 않다. 그러나 여기서 대대로 내려온 식생활의 지혜가 나오는데, 밥만 먹는 것이 아니라 두부나 된장국 같은 단백질이 풍부한 음식을 먹으면 콩은 쌀에 부족한 필수아미노산인 라이신을 보충해주고, 쌀은 반대로 콩에 부족한 메치오닌 같은 황 포함 필수아미노산을 공급해주기 때문에 1+1=2가 아닌 그 이상의 시너지 효과를 볼 수 있게 되어 PDCAAS는 그만큼 더 올라간다. 그리고 언뜻보면 단백질은 변성되지 않은 자연 상태로 섭취해야 소화흡수가 잘 될 것 같으나, 단백질은 조리과정으로 인해 변성이 되긴 해도 섭취가 불가능할 정도로 소화율이 떨어지는 것은 아니며, 오히려 조리열로 인해 소화방해인자들이 효과적으로 제거됨으로써 영양

이용률이 올라간다. 따라서, 효과적인 단백 영양소를 섭취하기 위해서는 섭취하기 위해 날 것으로 먹는 것보다는 익혀먹는 것이 훨씬 더 유리하며, 무엇보다도 고단백질 식품은 맛품질이 떨어지기 때문에 조리과정을 통해 영양소는 일부 감소하더라도 많은 양을 먹을 수 있게 만드는 것이 더 중요하다고 생각한다. 고단백질 음식을 다량 섭취할 경우 몇몇 부작용들을 초래할 수 있다고 알려져 있는데, 이때 신선한 야채나 과일에 들어있는 천연 식이섬유와 항산화물질들을 함께 섭취해주면 이러한 부작용을 다소 완화시켜줄 수 있다. 동물성단백 식품 섭취시 이런 식물성 식품들을 같이 섭취해주는 것이 좋고, 식물성 단백 식품의 경우엔 그럴 필요성이 다소 줄어들 수 있는 것이 장점이 될 수 있겠다.

단백질을 보충하는 목적으로는 여러가지가 있다. 과거엔 원기회복이나 보양식의 목적으로 삼계탕 같은 고단백 식품을 먹는 경우가 많았으나 최근엔 근육을 키우고 아름다운 근육질 몸매를 가꾸기 위해, 또는 다이어트를 하기 위해 먹는 사람의 비율이 높아지고 있다. 이렇게 단백질의 섭취목적은 시대에 따라, 유행에 따라 달라지고 있으나, 여기서 항상 중요한 것은 아미노산의 균형과 소화 이용률, 그리고 비타민과 미네랄, 식이섬유 및 항산화물질 공급방법 등을 고려하여 각자 환경에 맞는 단백질 섭취방법을 선택하는 것이 중요하다.

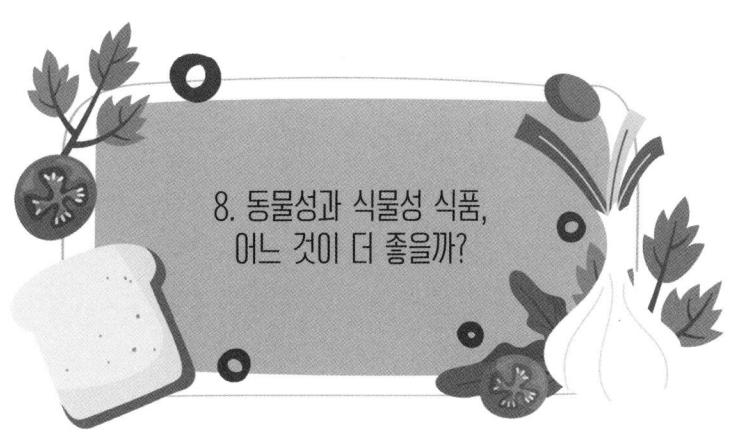

8. 동물성과 식물성 식품, 어느 것이 더 좋을까?

요즘은 식물성 식품이라 하면 건강에 좋은 것이라고 많이 생각하지만, 불과 30~40년 전만해도 식물성 식품은 언밸런스한 식품 또는 필수 영양소가 결핍된 식품으로 생각해서 영양적으로는 불완전하여 이용에 주의하라는 꼬리표가 붙기도 했다. 특히 노약자, 환자, 어린이에게는 추천하기 어려운 식품으로 인식되기도 했다. 이후 트렌드가 바뀌면서 식물성 식품은 건강한 식품으로서 점점 사용을 늘려가고 있지만 현재에도 식물성 식품이라고 하면 영양적으로는 불완전하다는 인식을 완전히 거두지 못하고 있다.

단백품질만이 영양가의 판단기준인가?

영양적으로 완벽한 식품을 꼽는다면 우유와 계란을 첫 손에 꼽는다. FAO와 WHO에서 공동으로 발표하는 필수아미노산의 섭취기준량에서 우유 단백질과 계란 단백질은 이 기준량을 빠짐없이 만족하여 완벽한 단백질로 인정받고 있다. 한편 단백질 품질의 평가기준으로서 체내로 흡수된 질소가 체내에 흡수잔류하는 양을 직접 측정하는 생물가라는 지표도 많이 활용된다. 생물가의 실질적 의미는 섭취한 단백질이 근육이나 장기 같은 신체구성조직으로 얼마만큼 잔류하는지를 평가하는 것이고 우유와 계란 모두 70 이상으로 최상위권에 속한다. 이렇듯 식품 단백질의 품질은 오래전부터 평가되어 왔으며 대개 동물단백질은 상위권에, 식물단백질은 하위권에 위치해 있다. 그러나 단백질 품질로 영양가를 판단한다는 것은 옛날 식량이 풍부하지 않던 시절, 식품이 인간의 성장발달에 얼마나 도움이 되는지만 보는 것으로서 요즘처럼 영양과잉으로 인해 성인병이 만연하게 된 상황에서는 현실과의 잘 맞지 않는다는 느낌을 지울 수 없다.

전통적인 식품영양학에서는 영양가가 좋은 식품을 단순히 단백질의 품질로만 평가해 왔다. 그러나 20세기 후반부터 선진국에서 대사증후군, 즉 성인병이 점점 더 많이 발병하고 있는 상황에 선진국에 이러한 평가방법의 문제점을 개선하여 좋은 식품 및 고영양가의 기준을 달리 생각해보자는 움직임이 일고 있다. 영양가의 판단기준을 섭취시 건강에 도움이 되는지 여부로 넓게 생각할 경우 다양한 판단기준이 제시될 수 있다.

지방 기준으로는 식물성 식품이 더 건강

단백질 말고도 탄수화물과 지방 등의 영양소로 영양가를 판단할 수 있을 것이다. 지방은 과량섭취시 심혈관계 질환에 영향을 줄 수 있으며, 특히 포화지방은 LDL콜레스테롤 및 중성지방 증가에 직접적인 영향을 주기 때문에 영양적으로 섭취조절이 잘 되어야 할 성분이다. 동물성 식품은 보통 식물성 식품보다 포화지방 함량이 높은 편인데, 포화지방은 녹는점이 높아 실온에서는 보통 고체상인데 녹는 온도가 우리의 체온과 비슷한 영역이라서 섭취시 구용성과 감칠맛과 식감을 좋게 한다. 대부분의 동물성 식품에서는 식물성 식품보다 포화지방함량이 높은 편이라서 혀에 닿았을때 더 고소함과 더 맛있음을 느끼게 한다. 마블링 잘 된 소고기일수록 더 맛있고, 과거 동물성 유지에 라면을 튀겼던 이유가 여기에 있다. 그러나 동물성 식품을 통해

포화지방을 지속적으로 과량섭취하면 체내 LDL콜레스테롤 및 중성지방 증가로 건강을 해치기 쉽다. 반면 식물성 식품은 포화지방이 높지 않고 불포화지방이 더 많으므로 건강에는 좀더 유리하나 맛은 다소 심심한 느낌을 줄 수 있다. 이러한 맛 차이 때문에 포화지방이 건강에는 좋지 않다는 것을 알면서도 소비자들이 기존 습관을 바꾸려고 하지 않으며 심혈관계 질환 유병률은 계속 증가하고 있는 것이다. 이러한 상황은 결코 긍정적일 수 없으며, 식물성 식품의 소비증가를 통해 영양소 균형을 추구하고 신체 밸런스를 회복하는 데 도움을 주는 것이 필요하다고 생각된다.

식물성 식품의 필요성은 점점 증가

식이섬유는 비만억제, 변비해소, 장운동 개선, 콜레스테롤 감소 및 대장암 발병 억제 등 다양한 기능을 갖고 있고, 파이토케미컬은 기능성 물질로서 둘 다 동물성 식품에는 존재하지 않는 식물성 식품만의 고유한 영양소이다. 동물성 식품에는 이런 기능을 하는 성분이 결핍되어 있기 때문에 식물성 식품을 섭취해야하는 대표적 이유로 이들 영양소가 꼽힌다. 그러나 이들 영양소는 우수한 생리적 기능에도 불구하고 천연 재료를 가공하는 과정에서 손실이 일어나거나 변형이 일어나므로 식품 가공 중 공정에서 이들을 살려 처리할 수 있는 방법들을 개발해오고 있다. 그런 사례로서 원래 오렌지 주스 착즙 공정에서 식이섬유는 침전이나 미생물 발생 등 클레임의 원인이 되므로 공정중 여과를 통해 제거되지만 식이섬유의 기능과 중요성이 알려지면서 이후 착즙중 분리되는 식이섬유를 재투입하여 만든 신제품이 등장한 것이 대표적인 경우이다.

식물성 식품을 활용하여 식품의 영양가를 높이기 위해서는 관련 가공기술을 적극적으로 개발할 필요가 있다. 해외에서는 식물성 식품만이 공급해줄 수 있는 식이섬유와 파이토케미컬의 장점을 살리기 위해 가공소재화를 통해 다양한 식품에 첨가 활용하는 기술이 미래 신기술로 적극개발중이다. 예를 들면, 토마토에 풍부한 라이코펜은 항산화력이 높아 항암소재로서 이용가능하지만, 식품에 첨가하면 붉은색 천연색소로도 활용가능하다. 게다가 연지벌레에서 추출하는 동물성 색소인 코치닐을 대체가능하므로 의의가 더 크다고 할 수 있다. 강황유래 커큐민, 포도 또는 적양배추 유래 안토시아닌 모두 식용색소로 이용가능한 파이토케미컬들이다.

동물성과 식물성 식품의 조화로운 섭취가 중요

그동안 동물성 식품과 식물성 식품은 각자 취향에 따라 호불호가 갈려 편식하는 사례가 많았다. 야채를 전혀 안 먹는 아이들도 있지만, 비건식품만 찾는 채식주의 소비자들도 있다. 영양학적으로 볼 때 두 경우 모두 불균형하다. 밸런스 푸드라 하여 동물성과 식물성 식품이 균형적으로 결합된 식품으로서 단순히 한 쪽을 기능적 소량만 사용하는 것이 아니라 기본적으로 영양 밸런스를 고려하여 양쪽을 비등하게 사용함으로써 건강, 맛, 식감 모두를 잡을 수 있는 새로운 형태의 식품을 제안해본다. 예를 들면 햄버거 패티를 동물성 원료 위주로만 만들 것이 아니라 식물성 원료를 5:5 혹은 3:7 또는 그 이상으로 배합하여 제조하는데, 기존 방법대로 하면 맛과 식감이 많이 떨어지지만 식물성 대체육 제조 기술로 보완하면 맛있고 영양적으로 경쟁력 있는 패티의 제조가 가능하다. 천연 색소로서 토마토를 이용할 경우에도 토마토 고유의 향미를 싫어하는 사람이 있을 수 있으므로 탈취공정을 적용하고 색소가 농축된 반가공제품 형태로 만들어서 음료나 아이스크림, 요거트 등 각종 식품에 첨가하면 첨가물을 줄이면서도 더 자연스러운 가공식품을 만들 수 있을 것이다. 밸런스 푸드는 육류 소비로 인해 증가하는 성인병 유병률에 대한 대책으로서도 활용할 수 있는 새로운 형태의 식품솔루션 중 하나가 될 수 있지 않을까 기대해 본다.

9. 비건푸드 선택 가이드

비건푸드는 최근 식품산업에 있어 하나의 빅트렌드가 되어가고 있고 좋은 식품을 골라먹고자 하는 소비자의 욕망에 부합하는 식품으로서 소비자들의 관심도 증가하는 추세이다. 비건 푸드를 선택할 때의 기준은 주로 식물성 식품 여부가 되기는 하지만, 단순히 식물성 식품이라 해서 그대로 좋은 식품으로서 인정하기에는 무리가 있다. 식물성 식품이 갖고 있는 여러가지 좋은 장점들이 꾸준히 알려지고는 있지만, 근본적으로 가지고 있는 한계점도 분명히 있기 때문이다. 국내에는 아직 식물성 식품의 특징을 살려 진짜 몸에 도움이 되는 비건푸드를 선택하는 방법에 대해 잘 알려져 있지 않기에 이에 대한 선택 가이드를 소개해 보고자 한다.

비건식사의 핵심, 충분한 필수 영양소 섭취

2019년 약 240만명 가량의 유튜브 구독자를 보유하고 있는 유명 채식주의자 로바나가 발리 휴가지에서 인스타그램에 올린 메뉴에 생선요리가 등장함으로써 동물성 식품을 완전히 끊고 100% 식물성 식품만 먹는다고 주장했던 그의 말이 거짓이었던 것으로 밝혀져 논란이 된 적이 있었다. 사실 비건식사는 소나 돼지 같은 적색육을 먹지 않는 것만 같은 뿐 취향이나 채식의 비율에 따라 생선이나 닭을 먹는 부류 등 여러가지로 분류될 수 있다. 동물성 식품을 일체 섭취하지 않는 비건인구 중에서도 수확한 식물은 먹지 않고 땅에 떨어진 열매만 먹는 프루테리언이 있을 정도로 비건식사를 하는 사람들의 성향은 다양하다. 이렇듯 다양한 비건 인구가 있는 배경에는 채식으로는 충분한 영양소를 섭취할 수 없다라는 공통된 생각이 자리하고 있는 것으로 보인다. 여전히 채식으로도 충분한 영양분을 섭취할 수 있으며 건강에 전혀 해롭지 않다고 주장하는 사람들이 있긴 하지만, 채식의 정도가 심해질수록 부족해지기 쉬운 영양소가 있다는 것은 명백한 사실이다.

영양학에서 가장 기본적인 상식이지만 잘 알려있지 않은 사실

중 대표적인 하나가 인간은 생명활동에 필요한 영양소를 스스로 만들어내는 능력을 가지고 있다는 점이다. 그래서 영양소가 부족할 경우 우리 몸은 체내 성분을 분해하거나 합성, 필요한 영양소를 직접 생산해냄으로써 생명활동을 유지한다. 영양소 생산활동 중 대표적인 것이 포도당신생작용이라는 것으로서 단백질이 부족할 경우 포도당으로부터 몇 가지 생리작용을 거쳐 단백질 합성에 필요한 아미노산을 만들어내어 단백질을 재생한다. 그러나 이러한 신생활동은 탄수화물, 지방, 단백질 등 3대 주요 영양소들에만 적용될 뿐 대부분의 비타민, 미네랄 성분은 외부로부터 주기적으로 보충을 해줘야 건강을 유지하고 살아가는데 필요한 양을 조달할 수 있다. 그러나 3대 주요 영양소 중에도 우리 몸이 절대 만들 수 없는 영양소가 있는데 그것이 바로 필수 아미노산과 필수 지방산이다. 이들 영양소들은 반드시 외부 식품을 통해 섭취해야 보충 가능하며 우리 몸이 스스로 만들어낸 비필수 영양소들과 반응하여 뼈와 근육, 장기, 세포막 같은 신체를 구성하는 조직들을 생산해내는 작용을 한다. 필수 아미노산 중에는 근육을 형성하는 핵심 성분인 BCAA 등이 있고, 필수 지방산 중에는 알파리놀렌산, EPA, DHA 등의 오메가 3 지방산과 리놀레산, 감마리놀렌산 같은 오메가 6 지방산이 있다. 필수 영양소는 식물에도 있지만 동물에도 있다.

비건 푸드를 건강하게 먹으려면 이들 필수 영양소들을 부족하지 않도록 충분히 잘 섭취하는 것이 핵심이다.

식물성 영양소는 먹을 때 더 많은 주의가 필요…

비건식단에서 필수 아미노산의 충분한 섭취는 가장 최우선적으로 고려해야할 매우 중요한 요소이다. FAO와 WHO에서는 주기적으로 사람이 하루에 섭취해야할 필수 아미노산 양을 정해 발표하고 있는데, 이 중 식물성 식품에서 부족하기 쉬운 아미노산은 라이신(Lysine)과 메티오닌(Methionine), 시스틴(Cysteine) 등의 황 함유 아미노산이다. 쌀, 밀, 보리 같은 곡류에는 라이신 함량이 다른 식품보다 두드러지게 적은 편이고, 콩이나 녹두, 완두 등의 두류에는 메티오닌, 시스틴 등의 황 함유 아미노산이 특히 적은 편이다. 이런 영양 불균형을 해결하기 위해 전통적으로 밥과 두부, 혹은 간장, 된장 등을 함께 먹어왔다. 어쩌면 조상들의 지혜라고도 할 수 있는데, 비건식사를 할 때는 식재료간 아미노산 분포의 균형을 고려한 식단을 필수적으로 고려해야 한다. 보통 곡류나 야채류에 부족한 필수 아미노산을 콩 또는 우유, 계란으로 보완해주는 방식으로 아미노산 균형을 맞춘다.

한편 필수 아미노산, 필수 지방산 등의 필수 영양소는 식물에서 유래된 경우가 대부분이다. 식물은 시킴산 합성경로를 통해 필수 아미노산을 합성할 수 있는 반면 동물은 시킴산 합성경로를 만들 수가 없어 필수 아미노산을 만들 수가 없다. 동물은 식물에서 섭취한 필수 아미노산을 체내에 축적한다. 따라서 육식을 할 경우 피포식자가 축적해놓은 필수 아미노산을 자연스럽게 함께 먹는 것이다. 이처럼 육식은 고농도의 필수 아미노산을 소화흡수가 잘 되는 형태로 섭취할 수 있다. 그래서 동물성 식품이 식물성 식품보다 영양소가 풍부하고 영양적으로 우수하다고 얘기하는 것이다. 동물성 단백질은 식물성 단백질보다 흡수도 잘되고 필수 아미노산도 풍부하다. 우유 단백질은 엄마가 아기에게 주는 것이기에 동물성 단백질 중에서도 더 소화가 잘 되고 필수 아미노산이 풍부할 수 밖에 없다. 반면 식물성 단백질이나 식물성 유지같은 식물성 필수 영양소는 자신의 자손을 퍼뜨리기 위해 만드는 종자 또는 열매에서 만들기에 포식자가 섭취할 경우 가급적 섭취가 잘 안되거나 방해하는 방향으로 식물이 진화되어 왔다. 그래서 식물성 필수 영양소는 독소나 소화방해 성분들과 함께 있으며, 섭취할 때는 이들 독소 성분들도 함께 흡수될 수 있기에 반드시 해로운 성분을 제거한 다음 섭취해야 한다. 비타민이나 미네랄 같은 미량원소들은 식재료의 정제가공과정에서 손실이 발생하지만, 필수 아미노산과 필수 지방산 같은 주요 영양소는 가공가정에서 발생하는 손실보다는 소화를 방해하는 물질의 제거에 더 신경을 써야하므로 가급적 정제된 식품을 먹는 것이 좋다.

종합하면 식물성 식품 중심의 비건식사를 해도 단백질이나 지방산 등의 주요 영양소 결핍은 쉽게 일어나지 않는다. 다만 필수 아미노산의 균형을 최우선적으로 고려하고, 본인의 건강상태에 따라 어떤 영양소를 먹을 것이냐를 결정하여 그에 맞춰 식단을 구성해야할 것이다. 식물성 식품에는 필수 아미노산 함량이 비교적 적은 편이며, 소화흡수율도 떨어지므로 동물성 식품에 비해 충분하게 많이 섭취하는 것이 비건 식단 구성의 팁이라고 할 수 있다. 부족한 필수 아미노산은 콩과 함께 섞어먹으면 보충할 수 있을 것이다. 그러나 필수 지방산 중 오메가 6 지방산은 정제된 것을 많이 섭취할 경우 혈당조절 및 심혈관계 질환에 안 좋은 영향을 미칠 수 있으므로 너무 많이 먹지 않도록 조심해야 한다.

비타민B12와 비타민B6 섭취에도 주의

근육내 존재하는 비타민B6(피리독신)이나 비타민B12(코발라민)는 채식을 할 때 결핍되기 쉬운 영양소이다. 특히 비타민B12는 식물성 식품에는 거의 없기 때문에 채식을 할 때 주의해야 한다. 두 가지 비타민 모두 적혈구의 형성 및 성장에 관여하며, 부족할 경우 빈혈이 발생하게 된다. 채식은 성장기 어린이, 청소년이나 임산부에게는 가급적 피할 것을 권장한다. 비타민B6는 아보카도, 바나나, 해바라기씨 등의 식물성 식품에도 제법 있는 편이지만, 비타민B12는 급원으로 사용될 수 있는 식물성식품은 없다고 해도 과언이 아니다. 비타민B12는 채식주의자들에게는 뛰어넘을 수 없는 장벽과도 같은 영양소로서 그렇기 때문에 채식을 하더라도 우유, 계란, 생선 등에서 공급을 받을 수 밖에 없으며, 완전 채식을 한다면 별도의 비비타민B12 보충제를 먹어야 건강을 유지할 수 있다.

비건푸드에 대해 구체적으로 어떤 것을 먹어야할지는 인터넷 사이트나 뉴스 등을 통해 제법 많이 소개되는 편이다. 그러나 국내에서는 비건푸드로서 왜 그렇게 먹어야하는지, 원리에 대해서는 잘 알려져 있지 않은 상황이기도 하다. 비건 식단에 대한 가장 큰 오해는 오로지 야채, 채소, 과일만 먹어야 하느냐이다. 전혀 그렇지 않다. 비건의 종류는 다양하며 본인의 취향과 선호도에 맞게 골라 실행하면 된다. 영양적으로도 채식만 하는 것은 결코 바람직하지 않기 때문에 비건을 위한 식사는 기존 식사에서 식물성 식품의 비중을 더 높이는 것으로 생각하는 것이 좋을 듯하다. 식물성 식품의 장점은 분명히 있다. 항산화물질 등 몸에 좋은 성분들이 많고, 영양소가 덜 농축되었기 때문에 현대인의 고질병인 영양과잉에 대한 좋은 해결책이 될 수 있기 때문이다. 영양밸런스를 고려한 비건식품 고르기로 건강을 더 잘 관리할 수 있으면 좋겠다.

10. 대체식품, 새로운 관점으로 보기

식물성 대체식품의 열풍이 2030세대 중심으로 일어나면서, 불과 몇 년 전만해도 주목할 시장이 아니었던 비건식품이 전도유망한 것으로 인식되고 있다. 아직도 업계에서는 비건식품이 기존 시장을 위협할만한 정도는 아니라고 하지만, 주목해야할 점은 이 변화를 젊은 세대들이 이끌고 있다는 점이다. 육식보다는 채식이 좋다는 말은 오래전부터 있었지만, 이 말이 비로소 의미를 갖고 변화를 이끌게 된 시점은 젊은 세대가 관심을 갖고 적극적으로 비건식품을 소비하면서부터다. 기존 세대에는 잘 안 보이지만 MZ세대가 이끄는 새로운 식품 시장은 20년쯤 후 MZ세대가 사회의 주축이 되었을 때면 주류가 될 가능성이 크다.

식물성 식품은 새로운 관점으로 평가해야…

식물성 식품, 즉 비건푸드는 건강, 웰빙 등을 추구하는 소비자들이 관심을 보이고 있지만, 식물성 식품은 영양소가 풍부하지 않다는 인식을 가지고 있는 사람들도 있다. 과거 궁핍하던 시기에 어쩔 수 없이 육류 섭취가 제한되었는데, 경제가 점점 성장하면서 육류소비가 함께 증가하면서 이제는 한국인의 식단에서 육류는 약 20%에 육박하는 비율을 차지한다. 더불어 당뇨나 고지혈증, 비만, 고혈압 같은 생활습관병이 증가하는 경향을 보이는데, 이를 두고 곡류 중심의 식사로 인해 그렇다고 해석하는 의견도 있다. 그러나 곡류섭취는 육류섭취의 증가와 함께 꾸준히 감소하고 있기에 곡류가 생활습관병 발병원인이라기보다는 한국인이 섭취하는 절대적인 열량이 증가했기 때문이라고 해석하는 것이 타당해 보인다.

2015년 농촌경제연구원 조사에 따르면 하루 섭취 열량이 3,000칼로리를 넘겨 이미 영양과잉의 시대에 진입한지 오래다. 그럼에도 불구하고 아직도 식품을 평가하는 지표로서 영양소가 풍부한지 여부를 따지는 것은 어쩌면 현실과는 맞지 않는 지표 아닐까? 오히려 고열량섭취로 인해 나타나는 여러가지 부작용

들을 해소시킬 수 있는 식품이 있다면 적극 장려해야 옳을 것이다. 식물성 식품은 기본적인 영양소 외에도 몸에 좋은 파이토케미컬들과 식이섬유, 비타민을 함께 섭취할 수 있어 고장나버린 생리조절기능을 회복할 수 있는 치료 식품으로 활용할 수 있다. 특히 환자용 식품, 성장기 어린이용 식품 등 특수의료용에 주목해야 한다.

대체식품 활성화를 위해서는 법령 개정이 필요

시장에서는 식물성 대체육이나 대체 우유에 대한 관심이 매우 뜨겁지만, 실제 업계에서는 식물성 대체식품으로 전환시 아직도 넘어야할 벽이 많다. 대표적으로 식품관련 법령과 제도의 문제를 들 수 있다. 예를 들어 외국에서는 아몬드로 대체우유를 만들었을 때 식품명으로 "아몬드밀크"(Almond Milk)를 아무렇지 않게 쓸 수 있지만, 국내에서는 불가하다. 우유가 안 들어가 있기 때문에 제품명으로 쓸 수 없기 때문이다. 딸기를 넣지 않고 산미료나 향만으로 만드는 딸기우유를 식품명으로 못쓰게 만든 법이 여기에도 똑같이 적용되는 것이다. 그래서 국내에서는 아몬드로 만들었지만 "아몬드 브리즈"와 같이 뭔가 정체성이 모호한 이름으로 출시되고 있다. 식물성 우유를 사고 싶은 소비자는 상품명만으로는 이것이 어떤 상품인지 짐작할 수 없다. 소비자 혼동의 우려를 위해 만들었다는 법이 역으로 소비자 혼동을 유발하고 있는 셈이다. 대체고기의 경우도 마찬가지다. 고기가 포함되지 않았다면 법적으로는 고기라는 말을 쓸 수가 없는 것인데, 고기를 동물성 식품으로 한정하면 제재를 가해야겠지만, 이미 식물성 단백질로 만든 식품을 대체고기라고 부르는 만큼 광의로 해석하면 고기라고 부를 수 있지 않을까? 어찌 되었건 시중에서 대체육은 문제없이 판매 중이다.

대체육 중에서도 배양육은 조금 다른 차원의 규제 문제를 가지고 있다. 배양육은 보통 근육세포를 조직배양하여 만든다. 근육 줄기세포 배양물을 사람이 그대로 섭취해도 문제가 없을까? 안전성 평가에 대한 국내 심사 과정은 꽤 엄격해서 오랫동안 준비해야 하는데, 아직 배양육 안전성 평가에 대한 가이드라인은 만들어지지 않았다. 무한 증식이 가능한 이종의 줄기세포를 과연 우리 몸은 어떻게 받아들일지, 전 세계적으로 연구가 활발하고 해외에서는 벌써 배양육이 상용화 단계에 접어드는 마당에 시급하게 생각해봐야할 문제다. 현재 국내 법령은 재조합 헴철을 넣어 인기가 많은 임파서플푸드가 헴철 제조시 유전자 재조합 기술을 사용했다고 하여 이에 대한 안전성 평가 이슈로 인해

판매불가한 상황일 정도로 규제의 벽이 높은 편이다. 정부에서도 미래 식품으로 대체육 분야를 선정했다면 이제는 시장 활성화를 위한 법령 개정을 추진해 봐야할 때가 아닐까 한다.

이제는 대체식품이다. MZ세대가 이끄는…

국내 식품 시장의 성장 트렌드는 크게 2가지 방향으로 요약해 볼 수 있다. 먼저 가정간편식, 밀키트 등 소비자 편리성을 추구하는 식품시장의 성장, 그리고 기존 식품의 성장 지체에 따른 새로운 식품 카테고리에 대한 관심 증가 이슈 등이다. 미래의 식품시장은 현재 젊은 세대인 MZ세대가 관심을 갖고 많이 섭취하는 식품이 주도하게 될 가능성이 매우 높다. 대체식품은 기존과는 다른 것들을 추구하는 MZ세대의 특징에 부합하여 이들 세대의 핵심 식품군이 될 것으로 예상한다. 10년 20년 미래의 식품은 어떻게 될까 궁금하다면, 현재 젊은 세대들이 무엇을 먹는지 관찰하라.

11. 대체식품의 이슈 트렌드

대체식품은 불과 20년 전만해도 국내에서는 아직 생소한 개념이었지만, 최근들어 대체식품 업체들이 속속 등장하면서 저변을 확대해가고 있다. 맛조절, 발효, 식감조절, 영양밸런스 등 대체식품에 쓰이는 기술키워드는 점점 다양해지고 있으며, 각종 최신기술이 사용되어 미래를 대비한 첨단 기술인 것으로 포장되고 있다. 국가적으로도 대체식품을 포함한 미래 식품 기술 개발이 그린 바이오 산업의 핵심 추진 과제로 설정될 정도로 식품산업 발전과 연관되어 많이 논의되고 있다. 과연 미래의 대체식품은 어떤 모습으로 발전하게 될지 많은 사람들이 궁금해하고 있기에 최근 트렌드를 바탕으로 구상해봤다.

새로운 대체육 원료의 개발 기술 필요

2021년 1월 글로벌 식품회사 펩시코는 비욘드미트와 식물성 단백질을 함유한 스낵과 음료 제품을 함께 개발유통하는 제휴협약을 체결했다고 발표했다. 비욘드미트는 2020년 매출액이 1조 원 가량 되고 이미 맥도널드와도 식물성 버거 개발관련 협약을 맺은 터라 내용이 새삼스러운 것은 아니지만, 전통적 식품 메이저 대기업 펩시코가 비건푸드 시장에 본격 진출할 것임을 예고한 사건이라 업계 사람들에게는 놀라움을 안겨줬다. 특히 비건 시장에 진출을 고민하고 있는 국내 기업들에게 이러한 펩시코의 결정은 커다란 시사점을 던져줬다. 국내 비건푸드시장은 언론을 통한 언급과 소비자들의 관심 증가에 비해 정작 비건 인구는 많지 않은 상황이라 대체육 시장에 진출한 업체들은 기대에 비해 그다지 성과를 보고 있지는 못했다. 과연 대체육 시장은 미래에도 성장 가능한 것일까?

글로벌 대체육 시장에서의 최신 트렌드는 콩 단백질을 벗어나 다양한 원료들을 개발 적용하는 것이다. 콩 단백질은 육류를 대체하기에 가장 좋은 단백질이지만, 한 가지 원료에 집중할 경우 공급의 지속성, 재배환경 변화로 인한 환경문제 유발가능성 같은 문제를 일으킬 가능성도 있다. 새로운 단백질 급원을 찾아내어 조직화단백 제조기술, 물성조절기술, 맛보완 기술 등을 함께 발전 보완시킬 경우 콩 단백질 이상의 품질을 갖게 될 수도 있을 것이다. 현재는 대두 대체소재로서 완두가 가장 널리 이용되고 있으나, 현미나 귀리, 버섯이나 나물, 야채 같은 다른 식물자원도 사용가능하게 될지 모른다. 더 나아간다면 수산자원인 해조류들과 각종 부산물들도 대체육 원료화하는 기술도 만들어질 수가 있다. 이렇게 되면 특정 원료를 집중 사용함으로써 나타날 수 있는 환경오염, 기후변화 등에 대응할 수 있게 된다.

클린라벨 이슈 및 가공을 최소화한 제형 개발도 고려해야…

지금의 대향육 트렌드는 기존 축산업의 지속가능성에 대한 의구심에서 출발하여 환경문제, 윤리문제 등으로 진화하여 활성화된 것인만큼 단순히 축산물을 대체하겠다는 것보다는 차별화된 컨셉, 베네핏이 제공되어야 지속가능할 것이다. 인류가 육류 대신 대체육을 섭취할 경우 식물이 만드는 단백질을 육류를 거치지 않고 직접 섭취하는 모델이 된다. 이로 인해 환경오염 및 온실효과, 탄소배출의 감소, 사료용 식물 수요 감소로 인한 사

막화 억제 등 여러가지 긍정효과들이 있다. 대체육류의 핵심 소비자는 아무래도 건강에 관심이 높고 건강을 위해 적극적인 행동을 하는 층이 다수일 수 밖에 없다. 이런 소비자들은 식품의 가공도 여부, GMO나 알러지 유발 같은 클린라벨과 관련된 건강관련 특성에 민감한 공통점을 가지고 있다. 식물성 대체육이 더 윤리적이라는 컨셉으로 등장하면서 소비자들에게 널리 받아들여졌기 때문에 첨가물이 많이 사용되기보다는 가급적 가공을 최소화하면서 원물의 맛을 그대로 살린 형태의 제품이 시장에서 더 선호될 가능성이 높다. 클린라벨과 최소가공을 생각한다면, 꼭 고기와 같은 형태의 가공이 필요하지 않을 수도 있기 때문에 대체육을 위한 새로운 형태의 식품제형이 생겨날 수도 있다. 아직까지는 해외에서도 이와 관련된 구체적 상품화 사례는 보고되지 않았지만, 클린라벨에 대한 이슈는 점점 관심이 높아지는 상황이다. 대체육류 뿐만이 아니다. 글루텐 프리식품이나 고령자 식품, 케어푸드 등 다른 대체식품들도 구매하는 소비자들의 성향상 클린라벨과 최소가공이슈가 중요하게 고려되어야할 것이다.

대체식품은 빼는 것이 아니라 보완하는 것

대체식품을 만들 때는 기존 원료를 왕창 빼내는 것만 생각하는데, 직접 개발할 때는 다른 원료나 기술을 추가하여 기존의 특성을 보완하는 데에 집중하는 것이 필요하다. 기존 원료를 대체한다고 빼낼 경우 한 번에 다 뺄 것이 아니라 10%, 20%… 단계적으로 빼내면서 부족한 성질들은 보완하는 방식으로 진행하면 맛과 컨셉 모두 잡을 수 있는 제품을 만들 수 있게 된다. 100% 완벽 대체라고 하는 컨셉은 관심을 끌기에는 좋지만 모든 상품에 적용되기에는 아무래도 상품별 난이도 및 품질 차이가 있다. 예전에 핀란드에서 국민 건강소금으로 인기를 끈 '팬솔트'도 소금을 전량이 아니라 절반만 대체하여 상품화한 경우를 돌이켜 보자. 맛만 보충할 것이 아니라 필수 아미노산이나 지방산 등도 보충해야할 경우가 있다. 대체식품은 주로 식물성 원료로 만들기 때문에 필수 아미노산 등 영양소 분포가 권장 기준치에 비해 모자라는 경우가 있어 아미노산 소재나 콩 또는 우유, 계란, 생선처럼 다른 식품으로 보충해줘야한다. 대체식품을 보완할 때는 분자 단위에서 생각해보는 것이 중요하다. 물성, 맛, 영양 모두 구성 분자 단위로 생각할 때 해답을 구할 수 있을 것이다.

12. 대체식품과 메디푸드의 융복합

식품에는 크게 3가지 기능이 있다. 생명과 건강유지를 위한 영양소 보급 기능(1차), 맛과 향, 색상 등의 감각적 기호도를 만족시키는 기능(2차), 그리고 건강유지와 증진에 도움이 되는 생체조절기능(3차)이다. 앞의 2가지는 전통적인 식품기능으로 취급되며 마지막 생체조절기능은 기능성 성분을 통한 식품의 이용가치를 재평가하면서 주목받게 된 것으로서 약식동원이라는 용어로 압축되어 이야기된다. 식품의 생체조절기능에 주목하게 되면서 건강기능식품, 기능성식품 등이 활성화되어 관련 시장도 지속적으로 확장하고 있는데 코로나19를 지나며 소비자들이 건강에 대한 관심이 더 높아지면서 최근 몸에 좋은 식품, 건강관리용 식품에 대한 수요가 전보다 증가하고 있다.

케어푸드를 포함한 메디푸드의 발전가능성

메디푸드는 건강상의 이유로 식생활 개선이 필요한 환자들을 위해 제공되는 케어푸드의 일종으로 과거에는 주로 당뇨환자용이나 신장질환자를 위한 식품 등 특정 질병의 질환자를 위해 공급되는 영양식품을 가리켰으나 최근에는 확장된 개념으로 구체적인 질병 치료기능까지 포함한 생리활성 식품까지 포함한다. 전자의 경우에는 케어푸드(care-food)라고 따로 분류되기도 하며, 근래에 식품공전에서 독립적인 대분류 식품유형으로 구분되면서 특수의료용도식품으로 재정의되었다. 케어푸드는 특정 질환자의 부족하기 쉬운 영양소 보급 또는 증상악화를 막기 위한 특정 영양소 제외 같은 특수한 목적으로 제조되는 것이 기본이지만, 놓치지 말아야할 것이 환자의 한 끼 식사를 대체하면서 충분한 영양소 보급이 가능하도록 설계되어야 한다는 점이다. 기존의 액상 또는 분말형 제품은 영양소 함량 기준으로 보면 충분한 영양소 보급이 되도록 설계되었다고는 하나 예전보다 높아진 환자들의 기호도를 만족시킬 수 있을지 의문이다. 그래서 식약처에서도 이에 대응하여 2020년 특수의료용도식품을 독립된 식품군으로 분류하면서 밀키트 형태의 식단형 식사관리식품을 허용하는 등 변화하는 시장에 대한 대응을 꾸준히 진행하고 있다.

메디푸드의 효능은 영양밸런스 회복에서 출발해야…

메디푸드가 정부나 산업계로부터 주목을 받는 이유는 현행 특수의료용도식품으로 규정된 케어푸드로서의 역할도 중요하지만, 외국의 메디컬 푸드(medical food)처럼 질병치료나 예방에 도움이 되는 식품으로서 확장될 가능성을 보고 있기 때문이다. 언뜻보면 메디푸드가 건강기능식품과 유사하게 보이지만 메디푸드는 특정 기능성 성분의 효능에만 의존하는 건강기능식품과는 달리 질병치료나 예방이 될 수 있도록 해당 질병에 대한 영양적 설계도 고려되어 있다는 것이 다르다. 예를들면 다이어트 식품의 경우 현행 건강기능식품의 설계방식대로라면 낮은 칼로리에 가르시니아 캄보지아 같은 지방연소에 도움이 되는 기능성성분을 추가하고, 법적 규격에 따라 비타민, 미네랄 같은 미량영양소를 공급해주는 것으로 설계제작할 수 있지만 유형이 법적으로 정의되어 있어 다양한 식품 제조가 어렵고, 태블릿, 과립스틱 등의 유형으로 제조될 경우 직접적인 체중감소효능을 기대하기 어렵다는 한계가 있다. 반면 메디푸드라면 특정 유형을 정하고 제조되는 것이 아니라, 실제 일상 식단과 같은 형태로 만들어진다. 국이나 반찬 등 식단을 구성하는 단품 메뉴들이 한 끼 식사를 대체할 수 있는 영양소 보급과 동시에 칼로리 제한으로 설계되고 제조하므로 보다 직접적인 몸상태 개선이 가능해진다. 한마디로 기존 건강기능식품은 특정 효능을 가진 기능성 소재에 대해서만 연구를 집중하면 되지만, 메디푸드라면 통상적인 식사의 형태를 갖고 질병을 미리 예방하고 다스릴 수 있어야한다. 따라서 식품 영양에 대한 기본 지식을 바탕으로 각 영양소의 생리기능과 각 성분 밸런스를 조절하는 것을 기본 뼈대로 놓고 기능성 성분은 추가하는 개념으로 설계해야한다.

대체식품은 메디푸드의 한 분야가 될 수 있어···

대체식품은 기존의 식품 또는 소재를 목적에 따라 대체하여 만든 식품으로서 식물성 비건푸드, 저당, 저칼로리 같은 당대체 식품, 나트륨 대체 소재를 적용한 나트륨 저감식품 등이 있다. 대체식품은 원래 특정 신념 혹은 목적에 따라 어쩔 수 없이 식사의 일부 혹은 전부를 대체해야하는 소비자들을 위해 생겨났다. 대표적으로 채식주의자들을 위한 비건푸드를 들 수 있고, 저당 제품은 당뇨환자들을 위해, 나트륨 저감 식품은 고혈압 환자 또는 신장질환자를 위해 먼저 만들어진 것이라고 해도 과언은 아니다. 그동안 대체식품의 시장 포지션은 ESG 및 지속가능한 식품으로서 자리매김하고 있었는데, 코로나 19를 지나며 글로

벌 원료 공급 위기, 최근 러시아 우크라이나 전쟁으로 인한 식량 공급 위기를 거치며 ESG에 대한 관심이 예전만 못한 부분이 있다. 대체식품 중 비건식품은 육류 섭취를 통해 얻을 수 없는 식이섬유, 항산화 영양소 등으로 인해 대사증후군 같은 선진국형 질병을 예방할 수 있다는 것으로 설명되고 있으며, 저당이나 저나트륨 식품 역시 특정 영양성분의 과다섭취로 인해 발생할 수 있는 질환들에 대해 미리 예방하고 대비할 수 있는 등 메디푸드와의 연결접점이 여러 곳에서 보인다. 대체식품이 인류에 어떤 긍정적 영향을 줄 수 있는지를 현재는 ESG 같은 환경적 이슈에서 찾지만 식품산업 내 관점에서는 메디푸드와 연결시켜보는 것도 좋을 것 같으며, 이것은 대체식품의 또다른 발전을 위해 충분히 검토해볼만하다.

메디푸드, 대체식품으로서 새로운 라이프 스타일 제안 가능성 있어…

푸드테크라 하면 식품에 대한 여러가지 차별화된 기술기반으로 진행되는 신사업군을 가리킨다고 알려져 있다. 그러나 실상 국내에서 진행되는 푸드테크산업은 식품 자체보다는 앱이나 IT 시스템과 연결된 융복합산업과 유통이 더 주목을 받았던 것 같다. 식품 자체의 변화나 기술로 만들어낼 수 있는 가치보다는 IT나 유통시스템 쪽이 더 주목을 받는다는 것은 식품산업 종사자의 입장으로 볼 때 꽤나 씁쓸하다. 대체식품이 새로운 유망 부가가치 산업으로 떠오르고 있지만, 당장 현실에서 벌어지는 것들을 비춰보면 미래 성장 가능성을 설명하기엔 무언가 부족하다. 메디푸드를 대체식품 기술과 접목할 경우 기존 식재료에는 없었던 새로운 형태의 식품을 만들 수 있지 않을까. 예를 들면, 식이섬유 또는 단백질, 혹은 비타민이나 미네랄, 항산화성분이 강화된 새로운 대체 식재료의 개발이 기존 메디푸드의 수준을 한 단계 업그레이드하는 길로 이끌 수 있을 것이다. 또 건강을 생각하는 소비자들에게 메디푸드는 기존의 식사를 대체하는 새로운 형태의 식사로서 포지셔닝될 수도 있을 것이다. 메디푸드가 대체식사가 되려면 기존 식사가 가지고 있었던 관능기호도 만족시키면서 동시에 영양공급 기능을 충분히 채워줄 수 있게끔 설계되어야 한다. 의료용 식품이 아닌 식품에 가깝게 자리잡으려면 약효와 기능성만 강조하는 것이 아니라 식품과 영양의 본질 및 소비자 요구 특성을 충분히 연구하여 새로운 라이프스타일을 제안할 수 있는 방향으로 발전해야 한다.

2부. 저칼로리 대체식품

1. 저당 트렌드와 관련 이슈들

요즘 가장 핫한 식품 트렌드는 무엇일까? 여러 가지를 들 수 있겠지만 가장 확실하고 눈에 띄는 것은 저당, 저칼로리 열풍이다. 2020년부터 서서히 시작되어 지금은 완전히 대세 트렌드로 자리잡았는데 이러한 변화의 배경에는 젊은 세대의 건강에 대한 관심 증가와 새로운 당류대체소재 적용에 따라 예전보다 맛이 개선된 저당제품류가 지속적으로 출시되고 있다는 점을 들 수 있다. 최근의 저당 트렌드를 지켜보면서 한번 생각해봤으면 좋을 만한 이슈를 소개해보고자 한다.

무설탕? 무가당? 표시사항의 문제들

무설탕 제품을 개발하려다보면 표시사항과 관련하여 다음과 같은 의문점을 계속 생각해보게 된다. 무설탕 제품은 설탕만 안 넣으면 표시할 수 있지 않을까? 혹은 무가당은 인위적으로 당만 첨가하지 않으면 되지 않는가? 이 문제는 식품 소비자뿐만 아니라 제조업체에서도 항상 논란이 생기는 지점이다. 특히 유통업체 담당자 혹은 마케터들이나 처음으로 식품제조업을 창업하는 스타트업 대표들은 이 문제로 굉장한 혼란을 겪는다. 현재 법적으로 고시된 무설탕, 무가당 표시는 2021년 11월에 공표한 것이 최신 버전으로서 기본적으로 "무설탕" 제품은 제품 100g내 당류가 0.5g 미만으로 포함되어 있을 때만 표시가 능하며, "설탕 무첨가" 및 "무가당" 제품은 모체가 되는 식품에 당류를 첨가하지 않음과 동시에 원료첨가나 가공공정을 통하여 당류가 증가하지 않도록 제조한 식품에만 표시가 가능하다. 즉, 본디 있는 식품에 꿀이나 당시럽, 올리고당 등의 당류가 포함된 설탕대체제를 사용하는 경우, 잼이나 시럽 등의 당류가 첨가된 원재료를 사용하는 경우, 말린 과일페이스트, 농축과일주스 같이 농축, 건조 등으로 당함량을 높인 원재료를 사용하는 경우 및 효소분해에 의해 식품의 당함량을 높이는 경우는 무가

당 제품이 될 수 없다. 식품의약품안전처에서는 무설탕과 무가당, 저당 표시에 대해 지속적으로 관심을 가지고 변경고시하는 등 여러 노력을 하고 있지만, 일반 소비자 및 식품표시에 대해 지식이 깊지 않은 식품제조업체들이 이 용어들에 대해 광고에서 자의적으로 해석해버리는 경우가 많아 문제가 생기는 경우가 있다. 특히 사전에 시스템적으로 법적 검토를 하기 어려운 온라인 쇼핑몰 제품의 경우에 이런 문제가 이슈화되는 경우가 제법 있다. 예를 들면, 2021년 설탕을 사용하지 않은 잼으로 온라인에서 인기를 끌었던 제품이 있었는데, "저당제품"이라는 표시광고를 하던 도중 실제 분석결과가 저당표시기준보다 높은 것으로 나타나 논란이 되었다. 식품업체 중 간혹 스테비아나 알룰로스 등 설탕대체재를 사용했다는 것만으로 저칼로리나 저당제품이라고 선전하는 곳도 있는데, 저칼로리 또는 저당 제품표시는 설탕대체재 사용 여부가 아닌 제품내 열량, 당함량에 달려있기에 이 부분에서 오류가 발생하기 쉽다. 만약 설탕대체재를 사용했다면 일반적으로 가능한 표시는 무가당, 설탕무첨가 등으로서 당류 저감 관련 제품을 생산할때는 표시기준과 사례에 따라 정확한 광고표시를 하도록 주의하는 것이 필요하다.

무설탕 이전에 설탕을 먼저 알아야…

무설탕이나 무가당 같은 설탕 대체식품을 제대로 이해하려면 먼저 설탕에 대해 알고 대체해야한다. 설탕은 기본적으로 식품의 단맛을 높여주지만, 추가로 풍미를 증가시키는 기능도 담당한다. 채소나 고기를 요리할 때 설탕을 소량 첨가하여 전반적인 풍미를 강화시킬 수 있고, 지방감소로 인해 풍미가 다소 떨어지는 저지방 아이스크림에 설탕을 첨가할 경우 풍미가 전반적으로 강화되어 맛을 개선시킬 수 있다. 그 외에도 설탕은 조리과정중 가열에 의해 캬라멜화 반응이 일어나 짙은 갈색으로 변하거나 아미노산과 반응하여 마이야르반응에 의한 갈변화가 일어나는데 두 반응의 공통점은 식품 풍미가 짙어지고 구수한 맛을 낸다는 점이다. 무설탕 또는 저당제품을 만들 때 당도는 이론적 계산식에 의해 맞출 수 있지만 맛은 좀체 맞추기 힘든 이유가 여기에 있다. 같은 제로칼로리 감미료지만 알룰로스는 스테비아, 에리스리톨 등의 다른 대체감미료와는 달리 갈변반응에 의한 설탕풍미까지 구현할 수 있으므로 맛 품질이 더 우수한 편이다. 만약 알룰로스를 사용하지 않는다면 인위적으로 설탕풍미를 낼 수 있는 향료를 첨가하여 설탕과 유사한 구수한 맛을 구현해야 한다.

한편 설탕은 젤리 형성이라던가 거품안정화 등 식품물성의 형성에도 중요한 역할을 하고 있다. 잼 제조시 펙틴과 반응하여 젤리를 형성하거나 달걀 단백질과 반응하여 휘핑시 거품을 안정화하는 역할을 담당하고 있는데, 아무리 우수한 대체재라도 이러한 설탕의 물성적 특성까지 완벽하게 구현하는 경우는 거의 없다. 설탕은 수산화기(-OH)를 많이 포함하고 있어서 이들 작용기의 수소결합 및 이온화 특성이 설탕이 나타내는 물성에 많이 반영된다. 설탕의 물성까지 완벽하게 대체하고자 한다면, 설탕과 비슷한 작용기 개수를 가지고 용액내 같은 전해질 환경을 구축할 때 가능해 보인다. 경험상 설탕을 1대1로 대체하겠다는 전략보다는 여러 개의 원료를 사용해서 최대한 비슷한 물성을 맞춰나가겠다는 전략이 목표달성에 조금 더 유리할 것이다.

그동안 당류의 과다섭취로 인한 당뇨 및 비만 등 여러 가지 대사증후군 이슈가 심각함에도 정작 소비자들은 별 반응이 없다가 최근 저칼로리, 저당 제품의 소비증가와 함께 전국민적인 영양관리가 되고 있다는 점은 환영할만한 추세이다. 이에 따라 그동안 제대로 형성되지 않던 당류 저감 제품시장의 형성이 시작되고 있는데, 특히 이점은 코로나19를 거치며 건강에 대한 관심이 증폭된 젊은 세대들의 소비 트렌드 변화가 가장 중요한 역할을 했다. 그러나 동시에 인터넷 등을 타고 검증되지 않은 잘못된 지식이 퍼지며 당류와 당류대체소재 섭취방법에 대한 오해를 하는 소비자들이 적지 않아 잘못된 광고와 허위 사실로 피해를 입을 측면도 있다. 이러한 문제를 극복하기 위해 당류저감식품 전반에 대한 소비자 교육이 더 활발하게 진행되어야 할 필요가 있을 것이다.

무가당은 현대의 상징적인 음식산업이 되었다.

2. 설탕섭취는 줄이고 맛은 그대로
- 당류섭취를 줄이는 업그레이드 전략

외식전문가 백종원 대표는 한때 별명이 "슈가보이"였다. 그가 요리에 설탕을 듬뿍 부어넣는 장면이 방송되면서 설탕회사들 매출도 덩달아 늘어났다고 하고, 설탕을 사용하면 왠지 죄책감을 느꼈던 가정주부들도 마음대로 설탕을 사용할 수 있게 되었다고 한다. 그러나 아무리 설탕이 재조명받아도 적당량 이상 섭취하게 되면 당뇨와 비만, 그리고 각종 성인병의 원인이 된다는 사실은 부정할 수 없기 때문에 과량의 당류 섭취를 자제할 필요성이 있다.

설탕을 줄이고 다른 성분으로 대체하는 방법은 당알콜이나 올리고당같은 대체 감미소재를 사용하거나, 설탕 감미도의 수십에서 수백배에 이르는 고감미소재를 사용하는 방법들이 제시되어 왔다. 특히 정부에서는 오래전부터 당류섭취를 줄이고자 여러가지 캠페인을 벌여온 바 있고 식품회사에서도 당류를 줄이려고 하는 노력이 지속되어 왔지만 소비자의 외면으로 인해 찻잔 속 태풍에 그친 경우가 많았다. 그러나 2020년을 지나며 젊은 세대를 중심으로 저당, 저칼로리 식품을 선택하는 추세가 점점 증가하고 있는데, 무설탕 제로칼로리 탄산음료가 설탕으로 만든 기존 탄산음료의 매출을 앞질렀다는 사실은 저당 저칼로리 트렌드가 이제는 대세가 되어버린 상징적 사건이다. 최근 FDA에서도 가공식품에 당류 첨가량 표시를 강화하고, 당류로부터 유래한 열량을 총 식품 열량의 10%로 제한하려는 움직임이 있고 이에 발맞춰 식약처에서도 당류 섭취를 저감화하려는 정책을 꾸준히 진행하고 있어 설탕을 포함한 당류 저감 트렌드가 계속 확대될 것으로 예상한다.

설탕의 단맛은 대체불가능?

당류를 저감하고자 할때 현실적으로 가장 크게 부딪히는 부분

은 맛품질이다. 앞서 말했듯 당알콜류, 올리고당, 고감미료 등 다양한 당류대체소재가 개발되었지만, 이런 원료들로 대체된 식품들의 단맛이 기존 설탕과는 상당한 차이가 있었기에 지금까지는 당류 대체가 힘든 편이다. 설탕의 단맛은 섭취 후 입안에 머무르는 시간에 따라 시시각각 달라지며, 감미도 또한 온도에 따라서도 차이가 있다. 또다른 당류인 과당 역시 온도에 따른 감미도 변화는 설탕보다 더 심해서 설탕의 최소 80% 수준에서 최대 150%까지 이를 정도로 환경변화에 민감하다. 이러한 당류의 맛특성 때문에 맛품질이 달라질 수 밖에 없고, 이것이 소비자들의 구매욕을 떨어뜨려 저당류 제품 시장 성장의 장애요인이 되어왔다. 그러나 최근 이런 애로사항을 극복하고 새로운 해결책을 제시하여 줄 수 있는 방법들이 지속적으로 개발되고 있어 시장에서 주목받고 있다.

알룰로스는 대체설탕소재로 각광받는다.

대표적으로 알룰로스(allulose)는 최근의 제로칼로리 식품의 주역으로 유명한 대체설탕소재로서 우리몸에 흡수 이용되지 않기 때문에 많이 먹어도 칼로리가 없다. 알룰로스의 감미도는 설탕의 약 60~70%에 지나지 않으나 설탕과 유사한 감미질을 갖기 때문에 알룰로스를 사용한 식품은 이전에 등장했던 무설탕식품에 비해 더 뛰어난 맛품질을 갖고 있다. 알룰로스의 우수한 맛의 비결은 캬라멜화(caramelization) 반응이 설탕보다 더 잘 일어나 구수한 단맛을 내기 때문이다. 이전에 제로칼로리 용도로 사용되던 에리스리톨이나 당알콜류들이 절대 흉내낼 수 없는 자연스런 단맛이다. 알룰로스는 건포도, 무화과 등에 들어있는 천연 감미료이나 실제 자연에 존재하는 양은 극소량으로서 현재 식품원료로 사용되는 것은 과당에서 효소반응을 통해 대량 생산되는 제품이다.

설탕사용은 그대로, 흡수만 줄이는 방법

설탕을 다른 원료로 대체하는 것은 꽤 어려운 과제이므로, 섭취한 설탕의 소화흡수를 방해함으로써 설탕 섭취량을 줄이는 전략을 사용하기도 한다. 설탕은 이자 및 십이지장에서 분비되는 설탕소화효소인 수크라아제(Sucrase) 또는 α-글루코시다

제(Glucosidase)에 의해 포도당과 과당으로 분해된 후, 소장을 통해 혈액으로 흡수되어 영양분으로 이용된다. 만약 설탕소화효소가 제 기능을 하지 못한다면, 설탕은 분해되지 않은 채 체외배설되는데 Pompe 병은 미국에서 4만명 중 1명 정도 발생할 확률을 가지는 질병으로서 선천적으로 α-글루코시다제를 만드는 유전자에 이상이 있어 발생하는 설탕섭취장애 질환이다. 이러한 사실에 착안하여 설탕소화효소를 억제하는 성분을 설탕에 첨가한다면 입에서는 단맛을 그대로 느끼지만 설탕의 소화를 방해하여 혈당 상승이 억제가 되고, 분해되지 못한 설탕은 체외배설되어 설탕을 덜 먹은 것이나 마찬가지인 효과를 낼 수 있을 것이다. 이러한 아이디어를 바탕으로 하여 글루코바이, 베이슨, 세이블 같은 혈당상승억제용 의약품이 이미 개발되어 널리 사용중이다. 이중 글루코바이는 포도당 4분자가 결합한 당류인 아카보스(Acarbose)가 주성분으로서, 평범한 보통 당류가 혈당상승억제용 의약품으로 쓰이는 흥미로운 사례이다.

한편 이와 비슷하게 아라비노스(Arabinose)와 자일로스(Xylose)는 단당 중 탄소가 5개로 구성된 5탄당으로서 식물의 섬유질에 다량 포함되어 있다. 이들 당류를 설탕과 함께 먹으면 설탕분해효소에 결합하게 되는데, 이때 아라비노스 또는 자일로스가 설탕분해효소와 떨어지지 않음으로써 효소활성을 억제하고 설탕의 분해를 방해하게 된다. 아라비노스는 설탕에 약 3% 정도 첨가되었을 경우 혈당상승을 50% 정도 억제한다고 하며, 자일로스는 설탕의 약 10%가량 첨가되었을 때 유사한 효능을 볼 수 있다. 설탕에 아라비노스 또는 자일로스를 섞어 섭취할 경우 설탕이 잘 흡수되지 않아 혈당 상승의 폭이 그다지 크지 않음과 동시에 이들 혼합물엔 설탕이 대부분이라 설탕과 거의 같은 단맛을 갖게 된다.

천연 고감미료 사용기술의 업그레이드

2011년 영국의 감미료 업체(Tate & Lyle)에서는 새로운 천연 감미료(Purefruit)를 발표했다. "Purefruit"는 즉 "Monk Fruit", 중국에서 재배되는 나한과 추출물로 만들었으며, 기존에 설탕과 가장 유사한 천연감미료라고 알려졌던 스테비아보다도 더 설탕과 유사한 맛을 지니고 있다고 소개되었다. "Purefruit"는 설탕보다 약 150~200배의 감미도를 가지며, 제조사의 고유한 응용기술과 풍미조절기술이 잘 디자인되어 설탕과 유사한 단맛과 사용범위를 갖는다고 한다. 이전에도 나한과는 일본, 중국, 한국 시장 등에 소개된바 있었으나, 고유의 풍미와 뒷맛 때

문에 사용범위가 그다지 넓지 못했었다. 그러나 설탕의 약 400배에 해당했던 나한과의 감미도를 조정하여 150~200배로 낮추고 풍미를 표준화함으로써 설탕과 유사한 맛이 나도록 했다.

미국에서 판매되고 있는 몽크프룻과 트루비아

이전에 천연감미료의 선두주자였던 스테비아 역시 한때의 흑역사를 극복하고 2007년 FDA로부터 안전성을 재확인 받은 후 천연감미료와 스테비아 시장이 급격히 확대되었던 적이 있었다. FDA 재승인을 주도한 카길(Cargill)사는 스테비아의 주성분이 설탕과 가장 유사한 감미도를 가지고 있다는 스테비올 배당체(Steviol Glycoside)임을 밝히고 스테비올 배당체를 구성하는 천연물질 중 핵심성분 Rebaudioside A를 중심으로하여 에리스리톨 그리고 천연향을 포함한 설탕대용감미료 "Truvia"를 개발함으로써 기존보다 더 설탕에 가까운 천연 고감미료를 내놓았다. 그리고 코카콜라와의 제휴를 통해 관련 응용제품의 시장 또한 동시에 확장시켰다.

이들 두 가지 사례로 볼 때 글로벌 식품회사들은 사카린, 아스파탐과 수크랄로스 같은 합성감미료보다는 천연감미료 중심으로 신규 고감미료 시장을 키워나가려 하고 있다. 단순히 고감미 소재만 제공했던 과거와는 다르게 자신들의 신제품을 사용하여 직접적으로 설탕을 대체하는 제품을 만들 수 있는 솔루션으로 판매하고 있다는 점이 특별하다. 또한 과거 천연고감미료는 설탕 등의 당류에 비해 맛풍미가 떨어지고 많은 양을 사용하기가 힘들었는데, 가공기술을 적극적으로 도입하여 자신들의 고유한 방식으로 디자인된 식품을 개발하고 있다는 점은 주목할 만하다.

식품에서 어떤 성분을 빼내고 다른 것으로 대체하는 것은 꽤 어려운 일이다. 설탕의 경우 맛속성도 달라지지만 무엇보다도 원가상승이 식품업체가 대체를 주저하게 만드는 주요원인 중 하나이다. 그러나 최근의 해외 감미신제품 동향을 보면 기존 소재

의 과학적인 분석으로 정교하게 디자인된 원료와 원료소싱능력을 바탕으로 맛과 감미품질, 가격을 동시에 잡은 사례들이 나오고 있다. 국내에서도 이들 기술을 활용한 당 저감 제품들이 시장에 점점 등장하길 기대한다.

3. 당류저감의 기초기술

매년 여름철이 되면 커피나 주스 등 시원한 음료를 많이 찾게 있는데, 최근 시중 판매되고 있는 음료들에 당류가 지나치게 많이 포함되어 있다는 지적이 있어 소비자와 식품업체 모두의 관심을 끌었다. 일반 소비자 대상 설문조사들을 보면 국내 유통 중인 식품에 첨가된 당 함량이 전반적으로 많다는 의견이 지속적으로 많이 나오고 있기 때문에 식품내 당 함량을 다시 한 번 점검해볼 필요가 있을 것이다.

특성이 다른 감미료 조합은 당류저감기술의 기본

스테비아, 아스파탐, 사카린 등 고감미 감미료는 보통 설탕의 200배 이상의 감미도를 갖는다. 그러나 이것은 최대 감미도를 느낄 수 있는 시점에서의 수치일 뿐 식품 내 다양한 환경에 따라 실제 감미도는 다르게 느껴질 수 있다. 실제로 10%의 설탕물을 스테비아의 감미도(설탕의 200배)에 맞춰 희석적용한 0.05% 수용액의 단맛에 비교하면 설탕이 훨씬 달게 느껴진다. 아마 스테비아로 설탕의 당도에 맞추려면 이보다는 4배 정도 더 넣어야 할 것이다. 반면 커피나 야채주스 등에 첨가당으로서 스테비아를 사용할 때는 고형분 함량에 따라 스테비아를 첨가된 설탕의 1/150 ~ 1/200 정도만 넣어도 충분히 비슷하게 달다는 느낌을 받을 수 있다. 이유는 당 종류별로 용해도와 분자량이 달라 혀의 미뢰 세포가 단맛을 인지하는 강도가 다르기 때문이다. 보통 분자량이 작고 용해도가 높을수록 단맛을 강하게 느끼는 경향이 있다. 포도당, 과당 같은 단당류는 설탕, 맥아당 등의 이당류보다 분자량이 작으므로 단맛이 강하다. 올리고당은 설탕보다 분자량이 크고 용해도가 낮기 때문에 단맛이 약한 편이며, 아예 전분 같은 고분자들은 입자에서 단맛을 느낄 수 없다. 한편 아스파탐, 스테비아, 사카린 등의 고감미 감미료들은 혀의 단맛수용체를 강하게 자극하기 때문에 단맛을 훨씬 강하고 빠르게 느낄 수 있다. 그러나 고감미감미료들의 단맛 신호는 굉장히 짧은 시간 동안만 유지되고 이후 분자량에 따라 단맛의 강도가 수렴한다. 이러한 맛특성은 일반적인 당류와는 다른 것이기 때문에 사람들은 보통 맛이 없다고 반응하게 된다. 여기에 설탕과 유사하면서 유지해줄 수 있는 소재를 첨가해줄 경우 초반의 강한 단맛만 남고 남은 맛 차이는 상쇄되어 감미질이 개선된다. 이렇게 고감미 감미료와 함께 쓰여 단맛이 차이를 상쇄시켜주는 역할을 하는 감미료를 "벌크감미료(Bulk Sweetener)"라고 부르며, 벌크감미료가 하는 역할은 감미조절 외에도 텍스쳐와 점도를 조절하는 역할을 담당한다. 벌크감미료에는 에리스리톨, 자일리톨, 말티톨 등의 당알콜류와 알룰로스, 트레할로스, 팔라티노스 같은 대체당류 및 폴리덱스트로스, 난소화성말토덱스트린 등의 수용성 식이섬유 등 다양한 소재들이 있다.

다양한 당류 저감 소재들

당류 저감의 방법으로 고감미 감미료와 벌크 감미료의 조합이 많이 사용되지만, 그 외에도 우유고형분의 첨가가 당류 저감에

설탕대체소재	기능	상대감미도 (설탕 = 1 기준)	열량(Kcal/g)
아세설팜칼륨	고감미료 (High Intensive Sweeteners)	200	0
아스파탐		180-200	4
시클라메이트		30-50	0
네오탐		7,000-13,000	0
사카린		300-500	0
수크랄로스		600	0
스테비아 류		200-480	0
글리시리진		30-50	0
나한과 추출물		400	0
토마틴		2,000-3,000	4
이눌린	식이섬유	0.1	2
난소화성 말토덱스트린		0	2
저항전분		0	2
폴리덱스트로스		0	2
프락토올리고당	올리고당	0.5	2.4
이소말토올리고당		0.3	2.4
환원물엿	당알콜	0.1-0.2	2
이소말트		0.4	2.4
락티톨		0.4	2.4
말티톨		0.8	2.4
만니톨		0.5	2.4
솔비톨		0.5	2.4
에리스리톨		0.6	0
자일리톨		0.9	2.4
폴리글리시톨시럽		0.3	2.4
타가토스	희소당	0.9	0
알룰로스		0.6	0
펙틴	증점제	0	2
전분		0	4
구아검		0	2

표. 당류대체소재의 분류 및 특징

도움을 준다. 우유고형분 내 유당은 천연 벌크감미료 역할을 담당할 수 있는데, 미국유제품수출협회에서 배포한 유청 및 유당 안내 자료에 따르면 유당은 감미질을 좋게 하고, 사카린 등의 쓴맛을 완화시키는 효과가 있다. 온도와 pH 등의 조건도 단맛에 영향을 주는데, 보통은 온도가 낮을수록, 또는 신맛이 첨가될수록 단맛이 증가한다. 과당은 40℃이상에서 감미도가 설탕의 약 70% 수준이지만, 20℃이하에서는 감미도가 설탕의 1.5배로 상승하게 된다. 따라서 같은 감미도라도 뜨거운 커피는 단맛이 덜 한 반면 아이스커피는 단맛을 굉장히 강하게 느끼게 된다. 따라서 커피에 단맛을 첨가할 때, 뜨거운 커피는 설탕을 사용하고, 차가운 커피는 과당을 사용하여 당 사용량을 줄이는 방법도 생각해 볼 수 있다. 한편 신맛이 있으면 단맛을 강하게 느끼는 경우가 많은데, 이런 특성을 이용하여 실제로 디저트류 제조시 구연산과 설탕 조합을 사용하여 산미와 감미를 강화한 제품을 만드는 것이 보편적이다. 만약 대체감미료를 사용하여 맛 풍미가 약해질 경우 구연산을 첨가하여 풍미를 보완할 수도 있을 것이다.

마지막으로, 단맛을 강하게 느껴주는 향, 즉 감미 인핸서(Sweetness Enhancer)를 사용하는 방법도 있다. 향을 구성하

는 성분 중 말톨이나 에틸말톨의 함량을 늘리면 설탕의 단맛을 올려주는 작용을 한다. 향 중에서 바닐린 또는 바닐라향은 단맛을 상승시켜주는 효과가 있어 많은 제과, 제빵 제품에 기본적으로 사용된다. 이외에도 단맛을 늘려주는 향 성분들이 있는데, 향을 사용하여 감미를 증가시키는 방법은 단맛을 혀 뿐만 아니라 코로 느끼는 자극도 함께 상승시켜주기에 경우에 따라서는 당 저감시 굉장히 효과적으로 작용할 수 있다.

당류저감의 목표부터 명확하게 설정되어야…

앞으로의 당류저감 기술동향은 최대한의 섭취 제한보다는 국민 보건 향상에 필요한 적당한 수준을 달성함과 동시에 맛 품질이 확보될 수 있는 기술개발이 중요해질 것이다. 2016년 식품의약품안전처에서 발표한 1차 당류 저감계획에 따르면 원래 식재료에 포함되어 있는 당류를 제외하고, 맛을 내기 위해 첨가한 첨가당의 양을 1일 섭취하는 열량의 10% 이내, 이를 중량으로 환산하면 최대 50g 이내로 제한하는 것을 당류저감의 목표치로 설정하고 있었다. 2018년부터는 총 당류의 1일 섭취기준량을 100g으로 설정하고 식품표시사항에 기준량대비 함량을 표시하는 것을 의무화했다. 최근 저당 저칼로리 식품에 대한 관심

증가와 함께 정부의 당류 저감 정책이 강화되고 있는 만큼 이에 대비한 기술개발 및 대응전략의 필요성도 점점 더 높아질 것으로 예상된다.

4. 기술이 시장을 앞서가서 실패했던 무설탕 제품

가끔 지방자치단체에서 강의요청이 있어 우리 농산물을 활용한 가공식품 강의를 할때가 있다. 제조기술, 신제품 개발을 위한 마케팅 전략 등이 주된 강의 테마인데, 마케팅 전략 강의 때 내가 항상 하는 얘기가 있다.

"마케팅 컨셉에 기술을 맞추세요."

어찌보면 이것은 원래 교육의 취지와는 정반대가 되는 얘기다. 당초 강의의 취지는 식품가공기술을 알아야 식품을 만들 수 있으니 기술을 배우자라는 것이었을 듯하다. 그러나 실제 시장에 직접 뛰어들어 보니 그냥 제품을 만들어 공급하는 것이 아니라 팔릴 수 있는 제품을 만드는 것이 매우 중요하다는 것을 깨닫게 되었고, 그렇게 하려면 기술보다는 컨셉과 마케팅전략이 앞서야하는 것이다. 어떤 컨셉으로, 주요 소비자타겟을 누구로 하며, 또 어떤 가격대로, 어떤 니즈에 맞춰 만들 것인가 등이 제품 기획서 작성할 때 기본인 작업인데 많은 사람들은 으레 기술이 있어야하고 R&D도 해야 제대로 된 제품을 만들어 팔 수 있다고들 생각한다. 그렇다보니 정부의 중소기업 지원정책에는 기술개발이 빠지지않고 상당한 비중을 차지하고 있다. 정말 기술이 있으면 언젠가 시장이 열리는 걸까?

무설탕 식품의 성공사례, 무설탕 껌

최근들어 저당 저칼로리 트렌드와 관련하여 당류를 줄일 수 있는 기술에 관심이 높다. 현재 WHO 및 FDA를 포함하여 국제적으로 당류 관리 방안으로 원료 자체에 내재된 천연당은 그렇다해도 식품가공시 인위적으로 첨가되는 첨가당을 일일 섭취 열량의 10% 정도로 줄이는 것이다. 관련 업계에서는 일일섭취량의 10%인 200kcal, 탄수화물양으로 환산하면 50g인데 하루에 여러가지 음식을 먹는 것을 감안하면 이조차도 쉽지 않다고 한다. 그러나 이미 오래전부터 가공식품의 당을 아예 첨가하지 않고, 무설탕 제품의 시초이자 유일한 성공사례인 껌은 80년대까지만해도 감미료로서 설탕을 사용한 제품이 대세였다. 그러다

90년대 들어 해태제과에서 "덴티큐"를 시장에 출시하면서 본격적으로 무설탕 껌 시장이 열리게 되었고 이후 껌시장은 본격적으로 무설탕 시대로 진입하게 되었다. 특히 무설탕껌의 이빨마크 사용권을 두고 벌어졌던 해태제과와 롯데제과 사이의 분쟁은 역으로 무설탕 껌이 가지고 있었던 잠재적 가능성을 보여준 한가지 사례이며, 몇 년 후 롯데제과에서 메가히트작 "자일리톨 껌"을 출시하면서, 국내시장에서는 설탕 껌보다 무설탕 껌이 많이 팔리게 되었다. 사실 무설탕 제품은 설탕 가격의 2배에서 10배에 달하는 무설탕 원료의 비싼 가격 때문에 그 이전까지는 시장진입에 어려움을 겪었던 것이 사실이다. 그럼에도 불구하고 전반적인 국민 생활 수준의 향상과 생산설비 증설에 따른 원료 가격의 하락, 소비자들의 기능성 식품에의 욕구가 적당히 맞물리면서 무설탕 식품은 점점 다른 영역으로 확대를 모색하기 시작했다.

식탁용 감미료 / 당류 제품들

국내 무설탕 식탁용 감미료 시장은 요원

가장 간단하면서도 흔히 볼 수 있는 제품은 식탁용 감미료(Table top sweetener 당류 제품)이다. 호텔, 대규모 레스토랑, 커피전문점이나 카페에서 소포장형태로 흔히 볼 수 있으며, 해외 시장에서는 비교적 인기 있는 아이템중 하나이다. 글로벌 시장조사 전문기관(Freedonia)의 보고서에 따르면(2011년 12월 발간) 미국의 경우 식탁용 감미료 시장이 연간 14억달러(약 1조 5천억원)에 달할 것으로 예상하는데, 한국은 정확한 통계가 나와 있는 건 아니지만, 연간 300억원 정도 될 것으로 추정되며 그 중에서도 무설탕 식탁용 감미료 시장은 100억원 미만일 것으로 추산된다. 해외에서 매우 유명한 제품이라며 "Spenda"또는 "Equal" 등을 제시하면서 사업을 종용하는 분들이 있었는데 정작 국내에서는 음료형태로 섭취하는 감미료에 대비하면 아주 작은 시장이 있을 뿐이다. 특히 가정용으로 판매되는 식탁용 감미료는 대부분 커피나 차를 마실 때 첨가하는 것인데, 집에서도 커피믹스를 먹거나 아예 설탕을 넣지 않는 경우가 많기때문에 더욱 그렇다. 무설탕 식탁용 감미료가 국내 시장에 안착하려면 해외처럼 커피시장과 연결시키는 전략을 펴야한다. 특히 커피전문점에서 판매하는 커피음료 대부분이 당분을 다량 함유

하고 있는데 이를 무설탕 감미료로 바꾸는 것은 당류 저감차원에서 큰 의미가 있을 것이다. 우리나라와 커피문화가 비슷한 일본에서는 이미 수 년 전부터 무설탕 커피시럽이 출시되어 일정 규모의 시장을 형성하고 있으며, 근래에는 가정용 커피 시럽에서도 무설탕 제품이 출시되어 유행을 이끈다.

조만간 무설탕 식품 시장이 크게 성장할 것이라는 기대

무설탕 초콜릿과 캔디 역시 이미 2000년대 이전에 개발 출시되었으며, 해외에서는 이들이 각각 별도의 카테고리로 시장을 형성하고 있지만 국내 시장은 상대적으로 매우 작다. 무설탕 초콜릿은 90년대 해태제과, 2000년대 롯데제과에서 각각 제품을 출시한 사례가 있으나 설탕과는 다른 맛과 비싼 가격으로 인해 소비자의 외면을 받아 시장에서 사라졌다. 무설탕 캔디의 경우 수입품인 "리콜라", "호올스"제품이 시장을 열었고, 이후 지속적으로 제품이 출시되었으나, 2004년 "애니타임" 출시 때 반짝 인기를 끌었을 뿐 그 이후 새로 시장에 자리잡는 제품이 없는 상황이다. 캔디는 초콜릿에 비해 좀더 상품성이 있으나, 여전히 설탕과는 다른 맛, 풍미와 가격이슈로 인해 무설탕 제품시장이 좀처럼 확대되지 못하고 있다. 당류에 대해서는 이미 거의

100% 완벽대체가 가능할 정도로 기술적으로는 많이 개발된 상태이나 설탕 대비 살짝 못미치는 맛, 풍미 문제와 높은 가격이슈 때문에 그동안 당류를 줄인 제품의 시장을 확대하기가 어려웠다. 그러나 최근의 당류저감 트렌드는 단순히 기존 제품에서의 당류저감뿐만 아니라 당류저감기술을 활용한 다양한 제품 개발을 할 수 있는 계기가 될 것이라고 예상해본다. 당류저감 트렌드가 확대될수록 우리나라에서도 해외처럼 무설탕 식품 시장이 형성되고 성장하는데 충분한 도움이 될 수 있지 않을까 생각한다.

5. 찬밥이 다이어트에 도움이 되는 이유
- 식이섬유와 저항전분 이야기

식은밥에 식이섬유가 많다? 전분이지만 소화가 되지 않는 저항전분은 곡물, 감자 등 식량자원에 자연적으로 존재하는 식이섬유이다. 자연적으로 존재하기 때문에 밥을 식히는 것만으로도 저항전분 함량을 늘릴 수 있는데, 어떤 사람들은 더 많은 저항전분을 얻기 위해 특별히 고안된 가공방법을 적용시켜 식이섬유가 풍부한 식품을 만들기도 한다. 최근에는 예쁨미라는 쌀을 특별히 처리하여 저항전분이 풍부한 쌀을 만들어 상품화시킨 업체도 등장했다.

식이섬유에도 종류가 있어…

식이섬유라고 하면 소비자들은 보통 야채나 과일에 있는 기다란 실형태의 섬유질을 생각한다. 그것은 불용성 식이섬유 중 하나인 셀룰로스로 구성되는 불용성 섬유질로서 여러가지 식이섬유중 하나이다. 국제식품규격위원회(Codex) 정의에 의하면 식이섬유는 "10 혹은 그 이상의 단량체를 가진 탄수화물 중합체로서 인간의 소장 내에 존재하는 효소에 의해 가수분해 되지 않는 것"이다. 식품공전에는 시료를 내열성 알파 아밀라아제, 프로테아제, 아밀로글루코시다제 같은 효소로 연속 분해하여 전분과 단백질을 제거한 다음 에탄올로 처리하여 침전시킴으로서 식이섬유 함량을 정하고 있는데, 소화효소에 의해 분해되지 않는 다당체를 분리하여 정량하는 것이 원리이다. 이러한 분석방법으로 검출되는 식이섬유에는 올리고당, 난소화성덱스트린, 폴리덱스트로스 같은 수용성 식이섬유와 검류, 셀룰로오스, 헤미셀룰로오스, 리그닌 등의 섬유질 성분, 그리고 저항전분과 같은 성분들이 있다. 모든 식품은 일정량 이상의 식이섬유를 가지고 있는데, 식이섬유가 많은 식품은 조직간 또는 수분 결착력이 강해 소화효소가 작용하기가 더 어렵다는 특징이 있다. 식이섬유는 장내 미생물에 의해 일부 분해가 일어나는데, 식이섬유 중

올리고당, 수용성식이섬유, 일부 저항전분 등은 장내 미생물의 먹이가 되어 단쇄지방산으로 분비되는 과정을 거친다. 단쇄지방산은 부틸산이나 프로피온산처럼 탄화수소사슬이 짧은 지방산분자로서 지방세포에 작용하여 지방 축적을 억제하는 효능이 있다. 결국 장내 미생물에 의해 소화되는 식이섬유는 프리바이오틱스(prebiotics)로 작용하여 비만억제, 콜레스테롤 저해, 심혈관질환 개선 같은 긍정적인 효과가 있어 식이섬유 중에서도 더욱 유익한 식이섬유라고 말할 수 있을 것이다.

저항전분은 프리바이오틱스로 작용할 수 있다.

저항전분은 우리가 흔히 이용하는 전분과는 다른 구조를 가지고 있으며, 일정한 전처리과정을 거친 후에야 비로소 전분처럼 가수분해가 가능하다는 특징을 가지고 있다. 전처리 과정이 없다면 저항전분은 보통의 소화효소로 분해할 수 없기에 식품으로 섭취했을 때 난소화성이 되며 식이섬유로서 작용하게 된다. 저항전분은 발생기원에 따라 4가지 종류로 구분할 수 있는데, 소화효소가 물리적으로 접근하여 작용하기 힘든 구조를 갖고 있거나, 바나나, 생감자 등에 분포된 자연적으로 소화가 잘 안되는 전분, 일단 호화된 다음 노화에 의해 소화가 잘 안되는 전분, 화학물질 처리에 의해 에테르화 또는 에스테르화, 가교결합이 형성되어 화학적으로 변성되어 소화효소에 의한 분해가 어려운 전분 등이 있다. 전통적인 식이섬유가 거친 조직과 고유의 향 때문에 식품에 첨가시 거부감을 유발할 수 있지만 저항전분은 전분의 일종으로서 거부감이 별로 없다. 추가로 저항전분은 소장에서는 소화되지 않으나 대장에서 미생물에 의해 일부 발효가 일어나 단쇄지방산을 생산하므로, 프리바이오틱스로 작용하기도 한다. 2015년 인도네시아 대학교에서 발표한 논문에 따르면 밥솥에서 갓 나온 밥과 비교했을 때, 상온에서 식힌 밥은 약 2배의 저항전분이, 냉장고에서 식혔다가 재가열한 밥은 3배 정도 저항전분 함량이 많았다고 한다. 식은 밥에 저항전분이 많은 이유는 호화된 전분이 온도가 떨어짐에 따라 노화되면서 저항전분으로 변화하기 때문인 것으로 추측된다. 냉장고에서 식힌 밥은 낮은 온도로 인해 전분노화현상이 촉진되므로 더 많은 저항전분을 포함하지만, 온도를 더 낮추려고 어는점 이하로 냉동할 경우에는 얼음결정으로 인해 오히려 전분이 파괴되므로 저항전분 함량을 늘리기 어려울 것으로 생각된다. 그리고 쌀은 품종별로 냉각에 의한 저항전분 생성량이 달라지는데 아밀로펙틴 함량이 높을수록 전분은 노화되기 힘든 특성이 있다. 따라서 저항전분이 풍부한 밥을 만들려면 아밀로펙틴이 풍부한 국

산 자포니카 품종보다는 아밀로스 비율이 높은 인디카 품종으로 만들어야 더욱더 저항전분 형성이 잘 촉진될 것이다.

저항전분이 풍부한 신품종을 개발하면 어떨까?

저항전분은 맛품질, 물성 등에서 기존 전분과 크게 차이가 나지 않는 특징을 가지고 있어 해외에서는 폭넓게 많이 사용되는 소재이다. 반면 국내에서는 식습관 때문인지 혹은 어감때문인지 저항전분 사용이 굉장히 미미한 수준이다. 해외에서는 저항전분으로 지방대체, 크림대체용 솔루션도 개발하여 사용범위를 점점 넓히고 있다고 한다. 국내 농업 발전을 위해 종자개발 사업이 국책과제로서 활발히 진행되는데 막연히 좋은 종자를 개발할 것이 아니라 저항전분을 많이 생산하는 감자, 옥수수, 또는 쌀처럼 기능성으로 타겟팅된 신규 종자를 개발하면 어떨까? 2013년 농촌진흥청에서 개발한 도담쌀은 저항전분을 15%이상 함유하고 있는 쌀로서 동물에 먹이로 섭취시킨 결과 식후 혈당이 37.5% 감소했으며, 비만환자에게도 식사로 섭취하게끔 한 결과 인슐린 저항성이 38.2%까지 줄어드는 등 당뇨예방과 혈당 조절에 유의한 개선효과를 보였다고 논문으로 보고된 바 있다.

6. 식품 내 지방을 줄이는 방법
- 소재보다는 가공기술을 활용하는 지방대체기술

많은 소비자들이 살이 찌지 않기를 바란다. 식품에 관심이 많은 소비자일수록 가공식품에 표시된 영양성분들을 꼼꼼히 읽어보고 사는 경향이 있다. 비만에 관심이 많은 소비자들은 살이 찌지 않기 위한 방법으로 칼로리가 낮거나 지방이 낮은 식품을 선택하는 경향이 있는데, 식품회사들도 이러한 소비자 니즈에 맞춰 "저칼로리" 또는 "저지방"으로 표시될 수 있는 식품을 출시하고자 노력한다. 특히 지방 함량을 낮춰 "저칼로리"와 "저지방"을 동시에 잡는 방법으로서 기능성 탄수화물을 이용하여 지방을 대체하는 기술은 꽤 오래전부터 유력한 해결책 중 하나로서 현재도 지속적으로 발전하고 적용범위를 넓히고 있는 식품 유망 기술이다.

지방대체시 맛 풍미외에도 물성적인 면도 고려해야

지방은 3대 영양소의 하나로서 식품 안에서 중요하면서도 다양한 기능을 한다. 지방은 식품 고유의 풍미를 구성하며, 바삭함과 부드러움과 같은 조직감에도 영향을 주며, 특히 먹을 때 크리미한 느낌을 주고 목넘김시 부드럽게 넘기는 역할을 한다. 이 때문에 지방 대체시 상당량의 관능적 변화가 상당히 일어날 수 밖에 없고 이런 풍미변화는 저지방 제품이 소비자들로부터 외면받는 주요한 이유가 된다. 그러므로 지방을 대체하려면 단순한 지방 제거 방법만을 적용하는 것 뿐만아니라 지방을 대체함으로써 잃어버린 물성과 풍미의 보완도 같이 생각해야만 한다. 때문에 지방을 대체하는 기술은 설탕처럼 맛속성에만 신경쓰는 것이 아니라 입에서의 촉감, 물성 등을 보완할 수 있는 방법도 동시에 고려하여 적용해야 한다. 따라서 여러가지 기술의 융복합적인 속성을 가지고 있는 것이다.

지방대체소재 적용시 안전성에 유의해야…

지방을 줄이는 전략은 크게 2가지로 나눠 생각해볼 수 있다. 우선, 지방과 1대1 직접 대체가 가능한 소재를 새로 만들어 지방을 대체해버리는 것이다. 이러한 전략의 예는 올레스트라(Olestra)와 살라트림(Salatrim), 카프레닌(Carprenin)이 대표적인 것으로서, 기존 지방의 구조를 변형시켜 소화가 되지 않도록 만드는 것이다. 올레스트라는 설탕 골격에 지방산을 6~8개 결합시킴으로써 체내 지방분해효소가 인식하고 분해할 수 없게 만들었다. 올레스트라는 지방물성을 완벽히 대체할 수 있어 튀김유, 베이커리용 소재, 반죽개량제, 필링소재 등 다양하게 사용가능하다. 그러나 천연 지방의 구조를 변형하여 만든 지방대체소재의 경우 지용성 비타민의 흡수를 방해하고, 소화기능에 장애를 가져올 수 있다는 한계가 있다. 천연 지방에서 지방산 한 개를 제거하는 방식으로 만들어 저칼로리 유지로 알려졌던 디글리세라이드 오일(DAG)은 일본 카오(Kao)사가 개발하여 '에코나'라는 브랜드로 성공리에 시장에 안착하는 듯했으나 인체 대사중 발암물질인 글리시돌이 생성될 우려가 있다고 하여 2009년 사용승인이 취소되었다.

지방대체는 소재가 아니라 응용기술이 핵심

지방의 경우 결코 작지 않은 분자이기 때문에 대사소화과정을 속여 칼로리를 줄이는 전략은 앞서와 같은 부작용을 초래할

우려가 있는 것이다. 지방대체를 단순히 소재중심으로만 생각할 경우 이런 문제에 맞닥뜨릴 수 밖에 없고, 이 때문에 해외에서는 신규 지방대체소재를 개발하는 것 외에도 지방유사소재(fat mimetics)에 복합가공기술을 적용하여 지방과 유사한 물성, 조직감과 풍미를 내는 전략을 선택하는 경우가 많다. 이러한 전략을 사용한 대표적인 사례를 들면 무지방 요거트, 저지방 아이스크림, 저지방 유가공품, 마가린 및 쇼트닝, 스프레드, 저지방 쿠키 및 샐러드 드레싱 등을 들 수 있다. 지방대체용도로 사용할 수 있는 지방유사소재는 보통 단백질에서 유래한 것과 탄수화물에서 유래한 것으로 나눠볼 수 있는데, 이들 소재를 사용한 지방대체 시 단순히 지방을 빼내고 그 소재를 보충하는 방식으로 접근하면 결코 지방은 대체되지 않는다. 보통 유화분산과 같은 강한 전단력이 발생하는 가공기술을 적용시 이들 입자가 식품 내에 고르게 분산되면서 적당한 점도를 부여하기 때문에 지방을 대체할 수 있게 되는 것이다. 특히 지방이 가진 고유의 크리미한 맛과 물성을 내기 위해서는 나노 수준에 육박하는 작은 입자로 잘게 쪼갠 후 분산을 시켜야하므로 지방유사체를 활용한 지방대체기술은 나노기술의 특징도 함께 가지고 있다. 결국 지방유사소재의 사용효과는 소재 종류보다는 가공기술의 적절한 활용에 의존하는 면이 더 크다고 볼 수 있을 것이다.

소재유형		사례	적용사례
지방대체재	지방	유화제, Caprenin, Salatrim, Olestra	스낵류(또띠야칩 또는 감자칩류)
지방유사체	단백질	유청단백질, 계란단백질, 대두단백질 등	저지방치즈, 냉동디저트, 아이스크림류
	탄수화물	말토덱스트린, 올리고당, 폴리덱스트로스, 검류, 전분류, 식이섬유류	쿠키, 케익, 저지방아이스크림, 샐러드 드레싱 등

지방대체재의 사용영역과 기능

식이섬유는 좋은 지방유사소재가 될 수 있어…

지방유사소재 중에서도 탄수화물 소재는 고유의 점도와 물성이 지방과 유사하다는 장점외에도 가격이 비교적 저렴하여 널리 사용되고 있다. 탄수화물 중 단당과 이당류를 제외한 모든 소재가 지방대체의 기능을 갖는다고 볼 수 있는데, 이중 특히 주목해야하는 것은 식이섬유다. 식이섬유는 g당 2kcal으로서 지방에 비하면 약 20% 수준인 열량을 가지고 있어 칼로리 저감효과가 뛰어날 뿐 아니라 유화분산능력이 우수하여 물성과 식감에서 지방과 유사한 효과를 낼 수 있다. 식이섬유 또는 올리고당으로 지방을 대체하는 기술은 이미 오래전에 개발되어 상용화되었는데, 폴리덱스트로스는 단순히 식이섬유가 아니라 지방

대체재로서 1980년대부터 사용되고 있을정도로 이 분야에 있어 대표적인 소재이다. 그 외에도 이눌린과 프락토올리고당, 환원물엿과 같은 저칼로리 탄수화물 소재 및 잔탄검과 카라기난 같은 각종 검류 및 변성전분과 같은 다당체들도 지방대체용도로 많이 사용되고 있다. 탄수화물 소재는 단백질 유래 소재와는 달리 식품 알러지가 비교적 적은데다가 불용성인 결정셀룰로오스나 식물성식이섬유들도 용도에 따라선 적절한 기술이 적용될 경우 지방대체효과를 낼 수 있기 때문에 향후 사용성을 주목할만하다.

신소재보다도 새로운 응용기술에 관심을…

식품 기능성 신소재는 좀더 건강한 식품을 개발함과 동시에 새로운 시장을 개척할 수 있는 좋은 도구가 된다는 점에서 그동안 매우 각광을 받는 연구분야였다. 그러나 개발된 신소재들을 실제 제품에 적용한 결과 단순하지 않은 식품 시스템 때문에 단순히 A라는 물질을 B로 대체하는 방식으로는 한계가 있으며, 대체시에는 반드시 맛과 물성 등 여러 가지 복합적 요인을 함께 고려하여 적절한 가공기술을 사용해야만 한다. 지방대체기술은 그러한 대체기술흐름의 좋은 예가 될 수 있으며 글로벌 식품 리더들은 신소재 개발과 더불어 새로운 가공기술을 지속적으로 개발 적용하고 있기에 앞으로는 가공기술쪽에 좀더 관심을 기울일 필요가 있을 것이다.

7. 코코아버터와 대용유지

천연바닐라는 만성적 공급부족으로 인해 시세가 급등하고 있다. 이제는 은보다도 더 비싼 몸이 되었다. 그 이유는 전 세계 바닐라 공급량의 약 75~80%를 차지하는 마다가스카르를 2017년 2개의 대형 태풍이 덮쳐 바닐라 농장에 엄청난 규모의 피해를 입혔고 여전히 회복하고 있지 못하기 때문이다. 바닐라는 식품과 화장품, 생활용품 등에 흔히 쓰이는 향료로서 천연에서 추출한 것은 원래부터 비쌌다. 1876년 독일 화학자 카를 라이머에 의해 바닐라의 핵심성분 '바닐린'을 합성하는 방법이 개발된 이후 천연바닐라는 점점 합성바닐린으로 대체되어 지금은 전 세계 바닐라향의 약 90%가 합성된 것이라고 한다. 만약 바닐린 합성 방법이 개발되지 않았다면 지금처럼 다양하고 맛있는 향이 포함된 식품들을 보기가 어려웠을 것이다. 천연원재료는 소비자 기호도가 높지만 생산량이 적다는 특징을 가지고 있어 식품산업에 대규모로 적용하려면 이를 호환하여 사용할 수 있는 대체물질이 반드시 개발되어야한다. 코코아버터와 대용지 역시 바닐라와 바닐린과 같은 천연 식품원료의 대표적 대체사례로 꼽힌다.

코코아버터의 가격상승에 따른 대용유지의 인기

코코아버터는 카카오빈에서 짜낸 식물성 유지로서, 상온에선 노르스름한 고체형태로 고유의 코코아 풍미가 있는 천연유지이다. 흥미롭게도 코코아버터는 30℃ 이하에서는 고체상태로 있다가 그 이상의 온도에서는 서서히 녹기 시작하여 약 40℃에서 완전히 녹는 특징을 보인다. 이런 코코아버터의 특징으로 인해 초콜릿은 입에 넣을 경우 체온에 의해 부드럽게 녹아드는 고유의 물성을 가지게 된다. 카카오는 적도를 중심으로 하여 북회귀선과 남회귀선 사이의 열대 지방에서 재배되며, 주요 산지는 코트디부아르, 가나, 나이지리아 등 아프리카 서쪽 지역과 에콰도르 등 중남미 지역, 인도네시아 등 동남아 지역 전 세계적으로

이렇게 3곳인데, 실제로는 절반 이상이 아프리카 지역에서 생산된다. 원래 초콜릿은 코코아버터만으로 만들었으나, 20세기말 코코아빈 값이 올라가면서 코코아버터도 덩달아 가격이 상승하여 지금은 코코아버터보다 약간 싼 정도인 약 70%정도의 가격을 갖는 코코아버터 대용지가 점점 널리 사용되고 있다. 특히 원래 유럽에서는 초콜릿 품질관리를 위해 초콜릿에 일체의 식물성유지를 사용하지 못하도록 하고 대용지를 사용할 경우 초콜릿으로 인정하지 않았으나, 2000년대 들어 5%까지 대체유지 사용을 허가하면서 점점 식물성 대체유지의 활용도가 높아지게 되었다.

대용지는 싸구려가 아니다.

코코아버터를 대체할 수 있는 대용지는 크게 3가지 종류가 있다. 코코아버터와 특성이 완벽히 똑같은 CBE(Cocoa butter equivalent)라는 유지와 조온(Tempering)과정이 필요없고 빠른 유지경화와 높은 경도를 갖는 CBS(Cocoa Butter Substitute)라는 유지, 그리고 각종 크림류 및 코팅용 초콜릿에 사용되는 CBR(Cocoa Butter Replacer)이라는 유지 등이 있다. 이중 CBE는 코코아버터와 1:1로 대체가능하지만 나머지 2

종류의 대용지는 코코아버터와 혼합하여 쓰면 유지결정형성이 잘 되지 않아 온도를 아무리 낮춰도 굳지않는 특성이 있어 코코아버터와 혼합사용이 어렵다. 몇 년 전 모 방송사에서 초콜릿 표시사항만 보고 국산 초콜릿은 싸구려 식물성유지를 사용한다고 보도한 적이 있었는데, 그때 언급된 것이 CBE이다. CBE는 1956년 글로벌 식품회사인 유니레버 연구소에서 개발한 제품으로 여러 가지 식물성유지를 조합하여 카카오빈에서만 만들 수 있었던 코코아버터를 대체할 수 있는 기술을 적용한 것이다. CBE제조기술은 이후 다양한 유지소재 생산기술에도 적용되어 인류 역사상 기록할만한 수준의 굉장한 발명이라고도 회자되고 있다. 식품표시사항에 식물성정제유지로 표시되는 CBE는 이렇듯 굉장한 기술로 발명되어 여러 코코아버터 대용지 중에서도 품질이 높고 가격이 비싼 축에 속하므로 절대 싸구려 유지로 볼 수 없다.

대용지 개발과 공정무역

초콜릿의 역사는 아프리카 흑인 노예 역사와 오랫동안 연관을 가져왔다. 카카오의 원산지는 중남미로서 멕시코 아즈텍 제국에서 카카오로 만든 음료는 신의 음료로서 굉장히 귀한 음식 취

급을 받았다. 그런데 아즈텍을 지배하게 된 스페인 사람들이 중남미에서 유럽으로 카카오를 들여왔고 카카오음료는 동시에 수입된 커피, 담배와 마찬가지로 폭발적인 인기를 누렸다. 그러다가 이걸 현재처럼 딱딱한 고체형태로 가공하는 기술을 개발한 건 네덜란드인 반 호텐이었다. 네덜란드는 당시 노예무역에도 앞장서 있었기 때문에 서아프리카 연안에 대규모 카카오빈 농장을 짓고, 거기에 흑인노예를 대량 투입하여 농사를 지었다. 그리하여 그 전통이 남아있어 지금도 카카오빈 주산지는 서아프리카인 것이며, 또한 인도네시아에서도 생산될 수 있었던 것 역시 네덜란드인들이 전파했기 때문이다. 이러한 카카오빈의 역사는 노예무역이 사라진 지금도 여전히 아프리카국민들을 고된 노동에 종사하도록 만들고 있다. 커피에 공정무역 개념이 생겨나고 있는 것처럼 카카오에도 그러했으면 좋으련만, 커피만큼 산지가 다양하지 않다는 점 때문에 카카오빈 농장은 여전히 공정무역과는 거리가 멀다. 이에 비해 CBE는 팜정제유와 쉐아버터를 중심으로 일리페, 살 같은 다양한 열대유지를 혼합하여 만든다. 이 역시 대규모 농장에서 재배되고 있긴 하나 아프리카 같은 정도는 아니며, 일부 메이커에서는 다른 식물유지로부터 효소전환을 통해 원료유지를 새로 만들어내기도 하므로 CBE는 카카오보다는 훨씬 공정하다라고 얘기할 수 있다.

2000년까지 국내에서는 코코아버터 및 대용지 사용에 대한 명확한 규정이 없어서 코코아버터 등을 사용하던 초콜릿 제조공정으로 제조한 것은 모두 초콜릿으로 불렀고 이로 인해 저가저품질의 수입산 초콜릿이 무분별하게 시장에 풀려 초콜릿의 저급화에 대한 우려가 높았다. 2004년 식품공전이 개정되면서 초콜릿 분류의 세분화가 이뤄졌고, 업계에서는 코코아버터 중심의 초콜릿 품질 향상 움직임이 있게 되었다. 그러나 천연원료는 가격 때문에 저개발국가에서 저임금으로 생산할 수밖에 없는 상황인데, 무조건 천연원료만 고집한다는 게 항상 선한 것인가? 천연원료에 버금가는 방법으로 대체품을 인공적으로 만드는 것은 어떨지? 이중 어느 것이 옳은가를 판단할 때 코코아버터의 사례를 참고하면 도움이 될 수 있을 것이다.

비건이라는 산업

1판 1쇄 2023년 3월 20일
ISBN 979-11-92667-17-1
저자 정광호
편집 김효진
디자인 우주상자
펴낸곳 마르코폴로
등록 제2021-000005호
주소 세종시 다솜1로9
이메일 aissez@gmail.com
페이스북 www.facebook.com/marco.polo.livre

책 값은 뒤표지에 있습니다. 잘못된 책은 교환하여 드립니다